高等教育规划教材

UML 基础与建模实践教程

王先国　主编

机械工业出版社

本书是一本关于 UML 建模的实践教程，以大量案例为基础，重点介绍了 UML 体系结构、UML 元素语义、语法、UML 建模方法和 RUP 统一过程。全书分为 3 篇，共 17 章。第 1 篇（第 1 ~ 13 章）为 UML 语言基础，内容包括：UML 语言体系结构、UML 组成元素、UML 图的表示方法、UML 图的作用；第 2 篇（第 14 ~ 15 章）为 UML 高级技术，内容包括：Rose 双向工程、RUP 统一软件过程；第 3 篇（第 16 ~ 17 章）为 UML 建模实践，内容包括：网上书店建模和气象站数据建模，本篇重点介绍了领域建模与分析过程、用例建模与分析过程、动态建模与分析过程、RUP 分析和设计过程。

本书重点突出了 UML 语言的表示方法、系统建模方法和建模过程。书中所有的概念、技术、建模方法都通过实例来演示，内容精炼，表达简明，实例丰富，非常适合作为高等院校计算机专业及相关专业的教材，也可以作为培训机构相关专业的培训教材。

本书配套授课电子课件，需要的教师可登录 www.cmpedu.com 免费注册，审核通过后下载，或联系编辑索取（QQ：2966938356，电话：010 - 88379739）。

图书在版编目（CIP）数据

UML 基础与建模实践教程/王先国主编. -北京：机械工业出版社，2015.3（2019.1 重印）
高等教育规划教材
ISBN 978-7-111-51554-8

Ⅰ . ①U… Ⅱ . ①王… Ⅲ . ①面向对象语言-程序设计-高等学校-教材 Ⅳ . ①TP312

中国版本图书馆 CIP 数据核字（2015）第 214330 号

机械工业出版社（北京市百万庄大街 22 号 邮政编码 100037）
策划编辑：郝建伟 责任编辑：郝建伟
责任校对：张艳霞
责任印制：常天培
涿州市京南印刷厂印刷
2019 年 1 月第 1 版·第 3 次印刷
184mm×260mm · 14.25 印张 · 349 千字
4201—5500 册
标准书号：ISBN 978-7-111-51554-8
定价：36.00 元

出 版 说 明

当前，我国正处在加快转变经济发展方式、推动产业转型升级的关键时期。为经济转型升级提供高层次人才，是高等院校最重要的历史使命和战略任务之一。高等教育要培养基础性、学术型人才，但更重要的是加大力度培养多规格、多样化的应用型、复合型人才。

为顺应高等教育迅猛发展的趋势，配合高等院校的教学改革，满足高质量高校教材的迫切需求，机械工业出版社邀请了全国多所高等院校的专家、一线教师及教务部门，通过充分的调研和讨论，针对相关课程的特点，总结教学中的实践经验，组织出版了这套"高等教育规划教材"。

本套教材具有以下特点：

1）符合高等院校各专业人才的培养目标及课程体系的设置，注重培养学生的应用能力，加大案例篇幅或实训内容，强调知识、能力与素质的综合训练。

2）针对多数学生的学习特点，采用通俗易懂的方法讲解知识，逻辑性强、层次分明、叙述准确而精炼、图文并茂，使学生可以快速掌握，学以致用。

3）凝结一线骨干教师的课程改革和教学研究成果，融合先进的教学理念，在教学内容和方法上做出创新。

4）为了体现建设"立体化"精品教材的宗旨，本套教材为主干课程配备了电子教案、学习与上机指导、习题解答、源代码或源程序、教学大纲、课程设计和毕业设计指导等资源。

5）注重教材的实用性、通用性，适合各类高等院校、高等职业学校及相关院校的教学，也可作为各类培训班教材和自学用书。

欢迎教育界的专家和老师提出宝贵的意见和建议。衷心感谢广大教育工作者和读者的支持与帮助！

机械工业出版社

前　言

UML 基础与建模实践是计算机科学专业和软件工程专业学生的必修课程，也是一门非常重要的课程。尽管市面上介绍 UML 语言的图书不少，但是很少有一本书的内容在系统分析、设计过程中全面涵盖领域建模、用例建模、动态建模。也很少有教材在系统分析、设计过程中采用 RUP 统一过程开发方法。一般的教材对建模过程的分析和设计与建模方法是脱节的，因此，学生不能真正理解建模技术和建模方法，在实践中更谈不上正确地运用 UML 语言实现面向对象的分析和设计。

学生在建模实践中重点解决的问题主要集中在以下三点：第一，真正理解 UML 表示法，知道如何使用它们；第二，理解统一开发过程（RUP），知道在哪种情况下采用哪种模型来构造系统；第三，知道如何运用建模技术和建模方法。

本书在内容组织上完全针对上述的三个问题，体系结构安排合理，知识表达通俗易懂，知识讲解深入浅出，以两个完整的案例为大、中型软件系统的建模提供了开发步骤、技术提示和表示方法。具体特点如下。

1）在体系结构的安排上强调内容的系统性、连贯性、逻辑性和实用性。对 UML 元素的语义、语法和建模方法的讲解由易到难逐层展开，便于读者学习和理解。

2）对 UML 语言的讲解充分体现了文字描述和图形描述的结合。通过文字描述，详细地定义了 UML 元素的语义、语法；通过图形将 UML 元素可视化、规范化；对每个 UML 元素的讲解采用实例演示 UML 元素的语义和使用方法，使读者易于理解。

3）从框架到细节表达知识。首先对知识进行概要描述，然后分解知识、简化知识，对知识进行详细描述，这样，将复杂的建模技术、建模方法简单化，抽象问题具体化。

4）提供完整的建模实例。本书以网上书店为例，为读者提供了详细的建模过程、建模技术和建模方法。整个建模流程是可以操作的，也是可以模拟的，学生能真正做到学以致用。

5）在写作上，本书以 UML 设计元素为主线，以系统建模为目标，运用实例系统地阐明了 UML 语言基础、建模技术和建模方法。本书技术、方法和实践结合生动，知识表达通俗易懂，既可作为高等院校计算机专业及相关专业的教材，也可以作为培训机构相关专业的培训教材。

本书由王先国主编，杨仕范、蔡木生参与了本书的编写工作。本书作者在大型软件公司从事应用系统的分析和设计工作，在开发系统过程中积累了丰富的系统建模方法，能熟练地运用 UML 语言把系统需求分析和系统设计形式化为标准的需求分析文档和设计文档。如有建议或在学习中遇到疑难问题，欢迎大家给作者发送电子邮件（作者邮箱：wangxg588@ sohu. com）。本书配备了教学大纲和课件，如果需要，请与出版社联系。

本书中的分析和设计案例，虽然经过了多次修改和审核，但难免会存在疏漏和错误，恳请读者批评指正。

编　者

目　　录

出版说明

前言

第1章　UML 概述 ……………………………………………………… *1*

　1.1　UML 简介 …………………………………………………… *1*

　　1.1.1　UML 简史 ……………………………………………… *1*

　　1.1.2　UML 定义 ……………………………………………… *2*

　　1.1.3　UML 的特点 …………………………………………… *2*

　1.2　模型 …………………………………………………………… *3*

　　1.2.1　模型的用途 …………………………………………… *4*

　　1.2.2　建模目标 ……………………………………………… *5*

　　1.2.3　建模原则 ……………………………………………… *5*

　　1.2.4　为什么要建模 ………………………………………… *5*

　　1.2.5　系统开发中的模型分类 ……………………………… *6*

　1.3　UML 工具与工具选择 ……………………………………… *6*

　1.4　UML 语言应用 ……………………………………………… *7*

　1.5　小结 …………………………………………………………… *8*

　1.6　习题 …………………………………………………………… *8*

第2章　UML 语言体系 ………………………………………………… *9*

　2.1　UML 语言组成 ……………………………………………… *9*

　2.2　事物 ………………………………………………………… *10*

　　2.2.1　结构事物 ……………………………………………… *10*

　　2.2.2　行为事物 ……………………………………………… *13*

　　2.2.3　分组事物 ……………………………………………… *13*

　　2.2.4　注释事物 ……………………………………………… *13*

　2.3　关系 ………………………………………………………… *13*

　2.4　图和视图 …………………………………………………… *16*

　　2.4.1　UML 图 ………………………………………………… *16*

　　2.4.2　UML 视图 ……………………………………………… *18*

　2.5　规则和公共机制 …………………………………………… *19*

　2.6　系统建模与视图 …………………………………………… *21*

　2.7　小结 ………………………………………………………… *21*

　2.8　习题 ………………………………………………………… *22*

第3章　类图 …………………………………………………………… *23*

　3.1　类的表示 …………………………………………………… *23*

　3.2　类图的概念 ………………………………………………… *24*

3.3 类图中的元素 ··· 25

3.4 类间关系 ··· 29

    3.4.1 依赖关系 ·· 29

    3.4.2 泛化关系 ·· 30

    3.4.3 实现关系 ·· 31

    3.4.4 关联关系 ·· 31

    3.4.5 关联的属性 ··· 33

3.5 阅读类图 ·· 35

3.6 小结 ··· 36

3.7 习题 ··· 36

第4章 对象图 ··· 37

4.1 对象 ··· 37

    4.1.1 对象的三要素 ·· 37

    4.1.2 对象分类 ·· 37

4.2 对象的表示 ··· 38

4.3 对象图 ··· 39

4.4 对象间的关系 ·· 40

4.5 类图与对象图 ·· 41

4.6 阅读对象图的方法 ·· 42

4.7 小结 ··· 42

4.8 习题 ··· 42

第5章 包图 ··· 43

5.1 包 ··· 43

5.2 包的表示 ·· 43

    5.2.1 包命名 ··· 44

    5.2.2 包中的元素 ··· 44

    5.2.3 包的构造型表示法 ·· 46

5.3 包图实例 ·· 46

5.4 包间关系 ·· 47

    5.4.1 依赖关系 ·· 47

    5.4.2 泛化关系 ·· 49

5.5 包的传递性 ··· 49

5.6 创建包图的方法 ··· 50

5.7 包图应用 ·· 51

    5.7.1 对成组元素建模 ··· 51

    5.7.2 对体系结构建模 ··· 53

5.8 小结 ··· 54

5.9 习题 ··· 54

第6章 顺序图和协作图 ·· 55

6.1 顺序图 ··· 55

6.1.1　顺序图的组成 ·· 55

6.1.2　顺序图的表示 ·· 55

6.1.3　组合区与操作符 ··· 58

6.1.4　场景建模 ··· 64

6.2　协作图 ·· 66

6.2.1　协作图的组成 ·· 66

6.2.2　循环和分支控制 ··· 67

6.2.3　协作图与顺序图的差异 ·· 68

6.3　小结 ·· 69

6.4　习题 ·· 69

第7章　活动图 ··· 70

7.1　活动图的基本概念 ··· 70

7.2　活动图的表示 ··· 71

7.3　活动图分类 ··· 72

7.3.1　简单活动图 ··· 72

7.3.2　标识泳道的活动图 ··· 73

7.3.3　标识对象流的活动图 ·· 74

7.3.4　标识参数的活动图 ··· 75

7.3.5　标识别针的活动图 ··· 75

7.3.6　标识中断的活动图 ··· 76

7.3.7　标识异常的活动图 ··· 76

7.3.8　标识扩展区的活动图 ·· 78

7.3.9　标识信号的活动图 ··· 79

7.3.10　标识嵌套的活动图 ··· 80

7.4　活动图的两种建模方法 ·· 80

7.4.1　对工作流程建模 ·· 81

7.4.2　对操作流程建模 ·· 81

7.5　小结 ·· 81

7.6　习题 ·· 82

第8章　交互概况图 ·· 83

8.1　交互概况图的基本概念 ·· 83

8.2　交互概况图的绘制 ··· 84

8.3　小结 ·· 85

8.4　习题 ·· 85

第9章　定时图 ··· 86

9.1　定时图的表示 ··· 86

9.2　定时图应用 ··· 86

9.3　小结 ·· 88

9.4　习题 ·· 88

第10章　状态机图 ··· 89

10.1　状态机的组成 ……………………………………………………… 89

10.2　状态机图的表示 …………………………………………………… 90

10.2.1　状态的表示法 ………………………………………………… 90

10.2.2　外部迁移的表示法 …………………………………………… 91

10.2.3　分支的表示法 ………………………………………………… 94

10.3　迁移分类 ……………………………………………………………… 95

10.4　状态分类 ……………………………………………………………… 96

10.4.1　简单状态 ………………………………………………………… 96

10.4.2　复合状态 ………………………………………………………… 97

10.4.3　历史状态 ………………………………………………………… 99

10.4.4　子状态机间异步通信 ………………………………………… 100

10.4.5　建立状态机图的步骤 ………………………………………… 100

10.5　状态机图应用 ………………………………………………………… 101

10.6　小结 …………………………………………………………………… 101

10.7　习题 …………………………………………………………………… 101

第11章　构件图 …………………………………………………………… 102

11.1　接口、端口和构件 …………………………………………………… 102

11.1.1　接口表示法 …………………………………………………… 102

11.1.2　端口表示法 …………………………………………………… 103

11.1.3　构件 …………………………………………………………… 104

11.1.4　构件类型 ……………………………………………………… 105

11.2　构件的表示 …………………………………………………………… 105

11.2.1　未标识接口的构件 …………………………………………… 106

11.2.2　标识了接口的构件 …………………………………………… 106

11.3　构件间的关系 ………………………………………………………… 106

11.4　构件图分类 …………………………………………………………… 108

11.4.1　简单构件图 …………………………………………………… 108

11.4.2　嵌套构件图 …………………………………………………… 109

11.5　制品 …………………………………………………………………… 110

11.5.1　制品的表示 …………………………………………………… 110

11.5.2　制品的构造型表示 …………………………………………… 110

11.5.3　制品的种类 …………………………………………………… 111

11.5.4　制品与类的区别 ……………………………………………… 111

11.6　构件图应用 …………………………………………………………… 111

11.6.1　对可执行程序建模 …………………………………………… 111

11.6.2　对源代码进行建模 …………………………………………… 112

11.7　小结 …………………………………………………………………… 113

11.8　习题 …………………………………………………………………… 113

第12章　部署图 …………………………………………………………… 115

12.1　部署图的基本概念 …………………………………………………… 115

12.2 部署图组成 ·· *116*

   12.2.1 结点 ·· *116*

   12.2.2 连接 ·· *117*

12.3 部署图应用 ·· *117*

   12.3.1 设计阶段的部署图 ··· *117*

   12.3.2 实现阶段的部署图 ··· *118*

12.4 小结 ··· *119*

12.5 习题 ··· *119*

第13章 用例图 ·· *120*

13.1 用例图的基本概念 ··· *120*

13.2 参与者和用例 ·· *120*

   13.2.1 参与者 ·· *121*

   13.2.2 用例 ··· *121*

13.3 参与者之间的关系 ··· *123*

   13.3.1 识别参与者 ·· *123*

   13.3.2 参与者间的关系 ·· *123*

13.4 用例之间的关系 ··· *124*

   13.4.1 包含关系 ··· *124*

   13.4.2 扩展关系 ··· *125*

   13.4.3 泛化关系 ··· *126*

13.5 参与者与用例之间的关系 ·· *126*

13.6 组织用例 ·· *127*

13.7 用例规格描述 ·· *128*

   13.7.1 事件流 ·· *128*

   13.7.2 用例模板 ··· *129*

   13.7.3 用例优先级 ·· *130*

   13.7.4 用例粒度 ··· *131*

13.8 用例描述实例 ·· *131*

13.9 用例建模要点 ·· *133*

13.10 小结 ··· *134*

13.11 习题 ··· *134*

第14章 Rose 的双向工程 ·· *135*

14.1 双向工程简介 ·· *135*

14.2 正向工程 ·· *135*

14.3 逆向工程 ·· *137*

14.4 实例应用 ·· *138*

14.5 小结 ··· *143*

14.6 习题 ··· *143*

第15章 统一软件过程（RUP） ······································ *144*

15.1 统一软件过程概述 ··· *144*

15.1.1 RUP 的四个阶段 ･･･ 145

15.1.2 RUP 的迭代模型 ･･･ 146

15.2 RUP 中的核心工作流 ･･ 147

15.2.1 需求工作流 ･･･ 148

15.2.2 分析工作流 ･･･ 151

15.2.3 设计工作流 ･･･ 153

15.2.4 实现工作流 ･･･ 156

15.2.5 测试工作流 ･･･ 158

15.3 RUP 裁剪 ･･･ 162

15.4 小结 ･･･ 162

15.5 习题 ･･･ 163

第 16 章 网上书店系统分析与设计 ･･･････････････････････････････････････ 164

16.1 领域建模 ･･･ 164

16.1.1 领域建模方法 ･･･ 164

16.1.2 领域建模过程 ･･･ 164

16.2 用例建模 ･･･ 171

16.2.1 用例建模方法 ･･･ 172

16.2.2 用例建模过程 ･･･ 172

16.3 动态建模 ･･･ 189

16.3.1 动态建模方法 ･･･ 189

16.3.2 动态建模过程 ･･･ 189

16.4 小结 ･･･ 196

16.5 习题 ･･･ 196

第 17 章 气象监测系统分析与设计 ･･･････････････････････････････････････ 197

17.1 初始阶段 ･･･ 197

17.1.1 气象监测系统需求 ･･･ 197

17.1.2 定义问题的边界 ･･･ 197

17.1.3 系统用例 ･･･ 203

17.2 细化阶段 ･･･ 204

17.2.1 气象检测系统用例 ･･･ 204

17.2.2 系统架构设计 ･･･ 210

17.3 构造阶段 ･･･ 211

17.3.1 帧机制 ･･･ 211

17.3.2 发布计划 ･･･ 212

17.3.3 传感器机制 ･･･ 213

17.3.4 显示机制 ･･･ 215

17.3.5 用户界面机制 ･･･ 215

17.4 交付阶段 ･･･ 217

17.5 小结 ･･･ 218

17.6 习题 ･･･ 218

第1章 UML 概述

UML 是一种图形符号系统，是一种通用的软件设计语言，可以用该种语言对任何具有静态结构和动态行为的系统进行表示、描述、模拟、可视化和文档化。

1.1 UML 简介

UML（Unified Modeling Language，统一建模语言）是用来对业务系统和软件系统进行可视化建模的一种语言。在面向对象的软件开发过程中，常采用本语言对系统的产品进行说明、可视化和文档编写。

1.1.1 UML 简史

公认的面向对象建模语言出现于 20 世纪 70 年代中期。从 1989 年到 1994 年，这种设计语言的数量从不到十种增加到了五十多种。

20 世纪 90 年代，出现了一批新的软件开发方法，其中，Booch、OMT 和 OOSE 等方法得到了广泛的认可。然而，采用不同方法进行建模不利于开发者之间的交流。而 UML 则统一了 Booch、OMT 和 OOSE 的表示方法，而且对其作了进一步的发展。1997 年，UML 被国际对象组织 OMG 采纳为面向对象的建模语言的国际标准，它融入了软件工程领域的新思想、新方法和新技术。UML 不仅支持面向对象的分析与设计，而且还支持从需求分析开始的软件开发的全过程。数年来，UML 凭借其简洁明晰的表达方式、超凡脱俗的表达能力，为业界所广泛认同。

Booch 是面向对象方法最早的倡导者之一，他提出了面向对象软件工程的概念。1991 年，Booch 将之前面向 Ada 的工作扩展到面向整个对象设计领域。Booch 方法较适用于系统的设计和构造。

20 世纪 90 年代，Rumbaugh 等人提出了面向对象的建模技术（OMT，Object Modeling Technology，一种软件开发方法），该方法采用了面向对象的概念，并引入独立于语言的表示符，同时使用对象模型、动态模型、功能模型和用例模型共同完成对整个系统的建模。该方法所定义的概念和符号可用于软件开发的分析、设计和实现的全过程，但软件开发人员不必在开发过程的不同阶段进行概念和符号的转换。OMT-2 特别适用于分析和描述以数据为中心的信息系统。

Jacobson 于 1994 年提出了 OOSE（Object-Oriented Software Engineering）方法，该方法最大的特点是面向用例（Use-Case），并在用例描述中引入了外部角色的概念。用例的概念是精确描述需求的"重要武器"，同时用例贯穿于整个开发过程，包括对系统的测试和验证。

此外，同一时期还有 Coad/Yourdon 方法产生，即著名的 OOA/OOD（Object-Oriented Analysis/Object-Driented Design），它是最早的面向对象的分析和设计方法之一。该方法简单、易学，适合于面向对象技术的初学者使用，但由于该方法在处理能力方面的局限，目前已很少使用。

面对众多的建模语言，用户首先没有能力区别不同语言之间的差别，因此很难找到一种比较适合其应用特点的语言；其次，众多的建模语言实际上各有千秋；第三，虽然不同的建模语言大多雷同，但仍存在某些细微的差别，这极大地妨碍了用户之间的交流。因此，在客观上极有必要在精心比较不同建模语言的优缺点及总结面向对象技术应用实践的基础上，组织联合设计小组，并根据应用需求，取其精华，去其糟粕，求同存异，统一建模语言。

1994 年 10 月，Grady Booch 和 Jim Rumbaugh 开始致力于这一工作。他们首先将 Booch 1993 和 OMT - 2 统一起来，并于 1995 年 10 月发布了第一个公开版本，称之为统一方法 UM 0.8（Unitied Method）。1995 年秋，OOSE 的创始人 Jacobson 加盟到这一工作。经过 Booch、Rumbaugh 和 Jacobson 三人的共同努力，于 1996 年 6 月和 10 月分别发布了两个新的版本，即 UML 0.9 和 UML 0.91，并将 UM 重新命名为 UML（Unified Modeling Language）。

1996 年，一些机构将 UML 作为其商业策略。UML 的开发者得到了来自公众的正面反应，并倡议成立了 UML 成员协会，以完善、加强和促进 UML 的定义工作。当时的企业成员有 DEC、HP、I - Logix、Itellicorp、IBM、ICON Computing、MCI Systemhouse、Microsoft、Oracle、Rational Software、TI 以及 Unisys。这一机构对 UML 1.0（1997 年 1 月发布）及 UML 1.1（1997 年 11 月 17 日发布）的定义和发布起了重要的促进作用。

1.1.2 UML 定义

首先，UML 融合了 Booch、OMT 和 OOSE 方法中的基本概念，而且这些基本概念与其他面向对象技术中的基本概念大多相同，因而，UML 必然成为这些方法以及其他方法的使用者乐于采用的一种简单一致的建模语言；其次，UML 不仅是上述方法的简单汇合，而是在这些方法的基础上广泛征求意见，集众家之长，几经修改而完成的，它扩展了现有方法的应用范围；第三，UML 是标准的建模语言，而不是标准的开发过程。尽管 UML 的应用必然以系统的开发过程为背景，但由于不同的组织和不同的应用领域，需要采取不同的开发过程。

UML 的定义包括 UML 语义和 UML 表示法两个部分。

- UML 语义：指 UML 元素符号代表的含义，UML 的所有元素在语法和语义上提供了简单、一致、通用的定义和说明，使开发者能在语义上取得一致，消除了因人而异的最佳表达方法所造成的影响。此外，UML 还支持元素语义的扩展。
- UML 表示法：对 UML 每个元素符号的表示方法进行了规范。开发者或开发工具在使用这些图形符号时都遵循相应的 UML 符号的表示准则。

1.1.3 UML 的特点

UML 统一了 Booch、OMT 和 OOSE 等方法中的基本概念，主要特点如下。

- UML 是非专利的第三代建模和规约语言。在开发阶段，UML 语言用于说明、可视化、构建和书写面向对象软件制品。
- UML 语言应用于软件开发周期中的每一个阶段。OMG（Object Management Group，对象管理组织）已将该语言作为业界的标准。
- UML 最适用于数据建模、业务建模、对象建模和组件建模。
- UML 作为一种模型语言，它可以使开发人员专注于建立产品的模型和结构。当模型建立之后，模型可以被 UML 工具转化成指定的程序语言代码。

UML 是一种定义良好、易于表达、功能强大且普遍适用的建模语言，它融入了软件工程领域的新思想、新方法和新技术，它支持从需求分析开始的软件开发的全过程。

1.2 模型

模型就是用图形对一个物体或系统的简化表示，如地球仪就是一个模型，它是对地球的简化表示。用户可以用模型来表示现实领域中的业务流程和工作流程，也可以用模型表示软件领域中的软件系统的组成和结构。

1. 描述系统的模型

在软件领域，将软件系统的模型分为逻辑模型和物理模型两大类。逻辑模型只描述未来系统应该做什么，并不规定采用什么技术来实现系统。逻辑模型不依赖任何技术，系统分析阶段的模型都是逻辑模型；物理模型不仅描述了未来系统做什么，还规定了实现系统所采用的技术，在设计阶段的模型都是物理模型。物理模型是逻辑模型的进一步细化。

2. 描述事物的模型

任何事物都可以用模型来简化表示，下面是生活中常常遇到的 4 种模型。

1）交通模型。道路交通图、道路交通标志等图示，如图 1-1 的模型就是对广州地铁的表示。

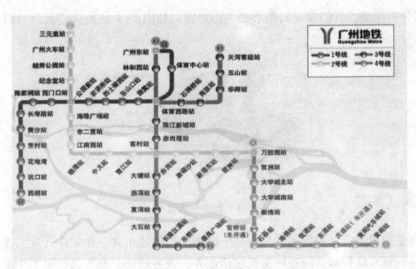

图 1-1　广州地铁模型

2）建筑模型。建筑物模型、沙盘等用来描述建筑物的图形，如图 1-2 就是描述某集团公司建筑物的模型。

图 1-2　建筑模型

3）设计模型。用来描述管线设计、电路板设计的图形。如图 1-3 就是描述某个局部电路的设计模型。

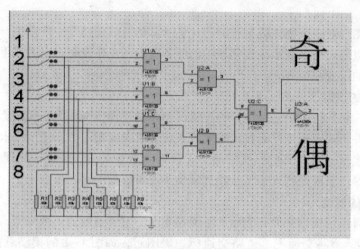

图 1-3　电路设计模型

4）数据分析模型。我们常见的条形图、饼状图。如图 1-4 就是描述某公司四种产品年销售所占份额。

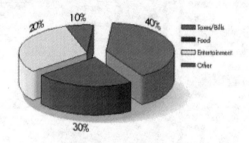

图 1-4　数据分析模型

上述模型是用图形符号对现实世界中某个事物的模仿或仿真。在软件开发工程中，模型主要用来描述问题域和软件域。问题域主要包括业务、业务规则、业务流程和工作流程等；软件域主要包括软件组成、软件结构和软件部署等。

1.2.1　模型的用途

开发软件活动包括两个方面的工作：第一是理解业务和需求（理解问题域）。即，对业务内容、业务过程和业务规则的理解和表示；第二是规划和设计软件系统（设计解决方案）。

由于业务规模和复杂度不断增加，软件的规模和复杂度也随之不断增加，因此，人们对业务的理解以及对软件的设计和构造也越来越困难。此时，在理解业务和需求时，只有借助 UML 这种建模语言来表示和理解业务；在规划和设计软件系统时，只有借助 UML 语言来设计和构造软件系统，以表示和展现系统的组成和交互。

总之，在软件开发活动中，UML 主要用于两个方面的建模：第一是，用 UML 语言对业务系统建模，便于分析师展现和理解业务；第二是，用 UML 对软件系统建模，便于设计师设计、修改软件系统。

1. 对业务系统建模

业务建模就是用 UML 符号表示业务内容和业务过程。用户对自己的业务过程建模，不仅是为了理解业务的内容中规定了要做什么，业务是如何进行的，同样也是为了识别业务的变更对业务造成的影响。对业务建模，有助于发现业务的优缺点，找出需要改进和优化的地方，在某些情况下还可以对几个可选的业务过程进行仿真。

2. 对软件系统建模

软件建模就是用 UML 符号表示软件的体系和组成，方便软件设计人员理解和修改软件方案，确保软件设计和计划能正确的实现，同时，一旦设计和计划需要修改时，修改后的软件系统同样经受得起时间的检验，例如当在一个软件系统中增加一个组件时，要保证系统不会因为增加了该组件而崩溃。

1.2.2 建模目标

对业务系统和软件系统进行建模，主要实现下面 5 个目标。

1）对业务系统进行可视化，建立业务模型。以业务模型为中介，领域专家、用户和需求分析师便于对业务内容和业务过程的理解和交流。

2）对软件架构进行可视化，建立软件体系模型。以体系模型为中介，设计师便于对软件系统宏观理解。

3）对软件系统的组成、结构和系统交互的行为进行建模，便于设计师和代码编写人员对软件深入理解。

4）用模型的方式为系统实现提供一个模板，开发人员可以依据该模板构造软件系统。

5）通过模型的方式将计划和决策文档化。

1.2.3 建模原则

对业务和软件建模是为了通过模型展示业务和软件，方便开发人员理解和交流。通过需求模型，用户与分析师共同理解业务需求；通过设计模型，分析师与设计师共同完成软件设计任务；通过设计模型，设计师能方便的构造和修改软件模型。为了实现这些目标，建模时应遵循以下几个原则。

1）仅当需要时才为业务或软件系统构建模型。简单的业务和软件系统不需要建立模型。

2）模型应该真实地反映业务系统的需求，或者模型能反映软件系统本身的组成和结构。

3）模型应该反映设计师的设计方案。

4）构建模型时，最好用一组相对独立的模型从不同的侧面描述重要的业务或软件系统。

1.2.4 为什么要建模

UML 是一种公共的、可扩展的、应用广泛的设计语言，它可应用于软件开发活动中的每个阶段（分析、设计、实现、测试），而且可以表示每个阶段的产品。

作曲家会将其大脑中的旋律谱成乐曲，建筑师会将其设计的建筑物绘制成蓝图，这些乐曲、蓝图就是**模型**（Model），而建构这些模型的过程就称为**建模**（Modeling）。软件开发如同音乐谱曲及建筑设计，其过程中也必须将需求、分析、设计、实现、部署等各项工作流程的构想和设计蓝图表示出来，供分析师、设计师、程序员、测试人员沟通、理解和修改。

建立大厦和搭建狗窝的区别是搭建狗窝不需要设计。因为建立大厦规模庞大，并且设计复杂，所以，建立大厦前必须有大厦的设计蓝图，而搭建一所狗窝很简单，不需要特别的设计。同理，要开发大规模的复杂软件系统，必须首先了解系统需求，然后对未来的软件系统设计一个蓝图，即，对软件系统进行建模。

1.2.5 系统开发中的模型分类

软件系统从分析、设计到实现的整个过程，包含多种模型的开发。下面描述常见的两种模型分类方法。

1. 按模型的用途分类

如果按模型在软件开发过程中所起的作用，将它们分为 3 种，它们是：用来表示业务或软件系统的组成和结构的对象模型；用来表示业务系统或软件系统功能的用例模型；用来表示业务或软件系统中组件是如何交互的动态模型。

- 用例模型：从用户的角度展示系统的功能。用例模型常由用例图表示。
- 对象模型：模型展示了软件系统的组成和结构。对象模型由类图或对象图表示。
- 动态模型：展现系统的内部行为。动态模型常由顺序图、活动图和状态图表示。

2. 按产生模型的阶段性分类

在软件开发过程中，不同阶段产生不同的模型。模型按软件开发的阶段性可分为以下五种。

- 业务模型：展示业务过程、业务内容和业务规则的模型。常用对象模型表示业务模型。
- 需求模型：展示用户要求和业务要求的模型。需求模型常由用例模型表示（用例模型由用例图和用例描述组成）。
- 设计模型：设计模型包含架构模型和详细设计模型。架构模型展示软件系统的宏观结构和组成；详细设计模型展示软件的微观组成和结构。详细设计模型常由对象模型表示。
- 实现模型（也称为物理模型）：描述了软件组件及其关系（常由构件图或部署图组成）。
- 数据库模型：描述数据组成及其关系。

1.3 UML 工具与工具选择

UML 工具是帮助软件开发人员方便使用 UML 的软件，它的主要功能包括：支持各种 UML 模型图的输入、编辑和存储；支持正向工程和逆向工程；提供和其他开发工具的接口。不同的 UML 工具提供的功能不同，各个功能实现的程度也不同。在选择 UML 工具时应主要考虑的几方面因素是：产品的价格、产品的功能以及与自己的开发环境结合是否密切。

目前主要的 UML 工具有 Rational 公司的 Rose、Together Soft 公司的 Together 和 Microsoft 公司的 Visio 等。

1. UML 工具介绍

Rational 公司推出的 Rose 是目前最好的基于 UML 的 Case 工具之一，它把 UML 有机地集成到面向对象的软件开发过程中。不论是在系统需求分析阶段，还是在对象设计、软件的实现与测试阶段，它都提供了清晰的 UML 表达方法和完善的工具，方便建立其相应的软件模型。使用 Rose 可以方便地进行软件系统的分析和设计，并能很好地与常见的程序开发环境衔接在一起。

Rose 具有正向工程、逆向工程和对象模型更新等功能。用户修改模型后可以直接反映到代码上，同样，用户对代码框架的修改也可以反映到模型上。另外，它还提供对多种程序设计语言的支持，如 C ++ 、Java、Visual Basic 等。

Visio Professional 2000 提供了内建的 UML 支持，如 Visio 绘图工具提供绘制多种图形的功能，这是一个相当有价值的工具。

2. 如何选择 UML 工具

UML 支持的工具众多。当用户需要 UML 工具时，应该如何从中进行选择？如何选中符合自己要求，同时具有合适价格的工具？下面主要从技术方面来介绍在选择 UML 工具时应注意的几个方面。

（1）支持 UML 1.3

虽然许多工具声称完全支持 UML 1.3，但实际上很难做到这一点。目前很多工具并不能做到完全支持 UML 1.3，但至少应支持用例图、类图、合作图、顺序图、包图以及状态图。

（2）支持项目组的协同开发

对于一个大型项目，开发人员之间必须共享设计模型图。UML 工具应允许某个开发人员拥有整个模型，而其他人员只能以只读方式访问该模型，或者将这些组件结合到自己的设计中。需要注意的是，这种工具应允许从另一个模型中只引入所需要的组件，而不必引入整个模型。

（3）支持双向工程

支持正向工程和逆向工程是一项复杂的需求，不同厂商的工具在不同程度上支持这一点。正向工程在第一次从模型产生代码时非常有用，这项技术将节省许多用于编写类、属性以及方法代码等琐碎工作的时间。将代码转换成模型或重新同步模型和代码时，逆向工程就显得非常有用。一种好的建模工具应该支持双向工程，即支持以下五种功能。

● HTML 文档化

好的建模工具为对象模型及其组件无缝地产生 HTML 文档。而 HTML 文档应包括模型中的每个图形，以便开发者可以通过浏览器迅速查询。

● 打印支持

好的建模工具能够使用多个页面把一张大图准确地打印出来，同时提供打印预览和缩放功能，并且能够允许将每一张模型图放置在单页中打印。

● 健壮性

软件模型的健壮性很重要，在设计期间，应保证工具不发生崩溃。

● 开发平台

要慎重地考虑工具将运行在哪种平台上，UML 工具应与应用系统保持平台一致。

● 提供 XML 支持

XML 将成为各种工具之间数据交换的标准格式，支持 XML 将为软件的未来提供更好的兼容性。

以上介绍了选择 UML 工具应该考虑的主要因素。在实际选择时，还应综合考虑 UML 工具的价格、服务以及通用性等方面的因素。

1.4　UML 语言应用

UML 语言的目标是以图的方式来表示任何类型的系统。这种语言既可以用来为软件系统建模，也可以用来对非软件系统建模。如，UML 语言可以对机械系统、企业机构或业务过程建模，以及对复杂数据的信息系统、具有实时要求的工业系统或工业过程等建模。总之，UML 是一个通用的标准建模语言，可以对任何具有静态结构和动态行为的系统进行建模。

此外，UML 适用于系统开发过程中从需求规格描述到系统完成后测试的不同阶段。在需求阶段，可以用用例来捕获用户需求；在静态分析阶段，主要识别系统中的类及其关系，并用 UML 类图来描述系统；在动态分析阶段，尝试组织多个对象，并构思对象的交互和协作，以实现和检验用例的可行性，此时可以用 UML 动态模型来描述。要注意的是，在分析阶段，只对问题域中的实体建模，而不考虑软件系统中类的定义和细节（如处理用户接口、数据库、通信和并行性等问题的类），这些技术细节将在设计阶段引入。因此设计阶段为编程（构造阶段）提供了更详细的规格说明。

编程（构造阶段）是一个独立的阶段，其任务是用面向对象编程语言将设计阶段的类转换成实际的代码。在用 UML 建立分析和设计模型时，应尽量避免考虑把模型转换成某种特定的编程语言。因为在早期阶段，模型仅仅是理解和分析系统结构的工具，过早考虑编码问题不利于建立简单、正确的模型。

UML 模型还可作为测试阶段的依据。系统通常需要经过单元测试、集成测试、系统测试和验收测试。不同的测试小组使用不同的 UML 图作为测试依据：单元测试使用类图和类规格说明；集成测试使用部件图和合作图；系统测试使用用例图来验证系统的行为；验收测试由用户进行，以验证系统测试的结果是否满足在分析阶段确定的需求。

总之，标准建模语言 UML 适用于以面向对象技术来描述任何类型的系统，而且适用于系统开发的不同阶段。

1.5　小结

本章介绍了 UML 的基本概念、主要内容和应用领域，还介绍了 UML 工具方面的知识。通过本章的学习，希望读者能够对 UML 有一定的认识和了解，为以后各章的学习打下基础。

本书主要从应用的角度来介绍 UML 的基本概念，不是一本完整详尽的用户手册，读者如果需要深入了解某些 UML 的概念和特殊用法，可以参考相关的手册。

1.6　习题

1. 什么是 UML？
2. UML 在软件开发中做什么用？
3. 指出 UML 的 3 个主要特性。
4. 简要说明建模的目标和建模的原则。
5. UML 的主要模型有几种？每种模型图的用途是什么？
6. 常用的 UML 工具有哪些？各自的特点是什么？

第2章 UML语言体系

UML语言是由符号系统组成的设计语言。它由构造块、规则和公共机制三个部分构成。本章将对UML语言体系进行系统介绍。

2.1 UML语言组成

1. UML语言

UML语言由三个部分组成，它们是构造块、规则和公共机制，其结构如图2-1所示。

2. 构造块

UML构造块又细分为三种：事物、关系和图。

1）事物：事物代表了系统中的简单实体（如，学生、老师、教师等等）。

2）关系：关系代表了实体间的联系（如，同学关系、同事关系等等）。

3）图：图代表了由实体按某种规则连接在一起组成的更大颗粒的实体（如，桌子这个实体由4条腿和一个桌面按照某种关系连接在一起）。图与图通过关系符号连接在一起组成更大的图，这种图代表更复杂的事物。如图2-2所示是构造块的三种类型。

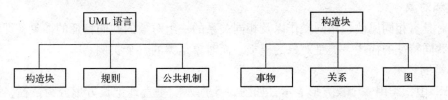

图2-1 UML语言组成　　　　　　图2-2 构造块的三种类型

3. 规则

规则是指构造块应该遵守的规定，即，用UML构造块描述软件系统或业务系统中事物时应该遵守的约束或规定。规则包括：名称、作用范围、可见性、完整性和可执行等属性。构造块应该遵守的规则如图2-3所示。

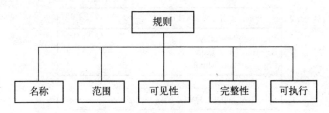

图2-3 构造块应遵守的规则

1）名称：指每个构造块代表的事物应该有一个名字。

2）范围：每个构造块代表的事物的使用范围。

3）可见性：访问构造块代表的事物时，授予访问者的权限或者级别。

4）完整性：构造块代表的事物应该有完整的含义。

5）可执行：构造块代表的事物的行为具有实际意义和合理性。

4. 公共机制

公共机制是指每个事物必须遵守的通用规则。可以将公共机制进一步细分为：详述、修饰、通用划分以及扩展机制。公共机制的组成如图 2-4 所示。

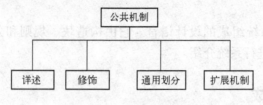

图 2-4　公共机制的组成

下面几节分别对事物、关系、图和视图的概念、表示法作详细介绍。

2.2　事物

事物进一步划分为 4 类：结构事物、行为事物、分组事物和注释事物。

2.2.1　结构事物

结构事物进一步细分为七种，分别是类和对象、接口、主动类、用例、协作、构件与结点。下面分别介绍 7 种结构事物的概念和表示法。

1. 类和对象

类是对具有相同属性、相同操作以及相同关系的一组对象的共同特征的抽象，即，类是对一组对象共同特征的描述。类是对象的模板，而对象是类的一个实例。

（1）类的表示

在 UML 中，类用一个长方形表示，如图 2-5 所示。垂直地把长方形分为三栏，第一栏列出类名，第二栏列出类的属性，第三栏列出类的操作。类名不能省略，属性和操作可以不列出。

图 2-5 是 Flight 类（航线）的 UML 表示法。第一栏，类名是 Flight；第二栏列出了 Flight 类的 3 个属性，它们分别是：flightNumber, departureTime 和 flightDuration；第三栏列出了 Flight 类的两个操作，它们分别是：delayFlight( ) 和 getArrivalTime( )。

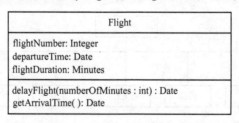

图 2-5　Flight 类的 UML 符号

（2）对象的表示

对象也是用一个长方形来表示。只是用"对象名：类名"的格式表示一个对象，并且，对象名和类名下面必须带下划线。表示对象时，第二和第三栏可以省去。例如，图 2-6 所示是对象"李世民"的 UML 表示法。

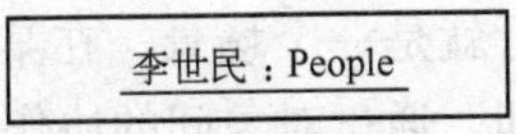

李世民：People

图 2-6 对象"李世民"的 UML 表示法

2. 主动类

一个对象可以是主动的也可以是被动的。主动对象可以改变自身状态，被动对象只有在接收到消息后才会改变自身的状态。例如，定时器和时钟就是主动对象，它们可以在没有外部事件触发的情况下改变它们自身状态。银行账户就是被动对象，银行账户的属性不会发生变化，除非银行账户接收到一条设置余额（一种用于更新账户余额的操作）的消息，账户才改变状态。

主动类是指创建主动对象的类。主动类的表示与一般类相似，只是矩形框用粗线表示而已，如主动类 Radio 的表示方法如图 2-7 所示。

3. 接口

因为访问类、对象、或构件是通过其方法来实现的，因此把类、对象、构件的方法集合称为接口。接口向外界声明了类（或构件）能提供的服务。

接口分为供给接口和需求接口两种，供给接口只能向其他类（或构件）提供服务，需求接口表示类（或构件）需要用到其他类（或构件）提供的服务。

上述两种接口的表示方法如图 2-8 所示。

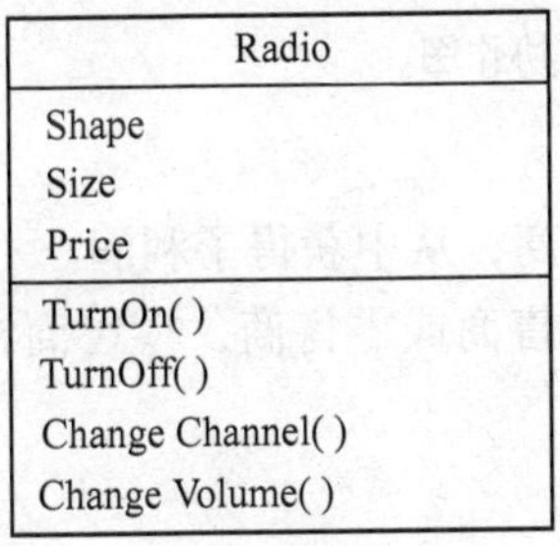

图 2-7 主动类 Radio 的表示方法   图 2-8 表示接口的 UML 符号

4. 用例

我们把完成某个任务而执行的一序列动作的集合称为场景。例如，客户小刘在柜员机上取款 500 元的动作集合就是一个场景，客户小王在柜员机上取款 300 元的动作集合也是一个场景。无论多少个客户，他们在柜员机上取款的一序列动作是相似的，即取款的场景相似，只是取款时，输入的密码、取款金额不同。

用例是对一组相似场景共同行为的描述，例如，我们可以用一个动作序列来描述所有取款客户的共同行为。因此，用例的每一次的具体执行就是一个场景，即，场景是用例的一个实例，是用例的一次具体执行。用例与用例实例的关系正如类与对象的关系。

在 UML 中，用例是用一个实线椭圆来表示的，在椭圆中写入用例名称，如用例"取款"的表示方法如图 2-9 所示。

图 2-9 用例"取款"
的表示方法

5. 协作

在系统中，把一组对象之间相互发送和接收消息的现象称为交互，把一组对象为了完成某个任务执行的交互现象称为协作。

11

我们知道，用例的一次具体执行就是一个场景，在某个场景中，存在多个对象间的交互。对象之间通过交互实现某个场景，即，通过对象间的协作来实现场景。本质上说，协作就是用例的实现。

协作用一个带两个分栏的虚线椭圆表示，例如，用例"销售"用协作图表示时，其对应的表示方法如图 2-10 所示。

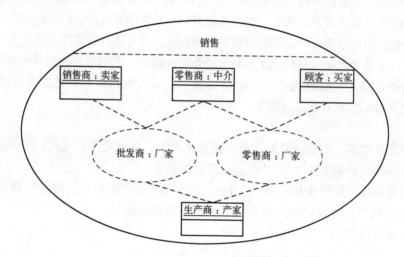

图 2-10　用例"销售"协作图

协作图"销售"表示的语义如下。

1）生产商生产出产品并以低价售给批发商和零售商，从中获得了利润。

2）批发商以比生产商较高的价格将产品出售给销售商或零售商，零售商在自己的商店得到更高利润。

3）顾客以较高的价格买到自己想要的商品。

6. 构件

构件也称组件，它是指软件系统设计中的一个相对独立的软件部件，它把功能实现部分隐藏在内部，对外声明了一组接口（包括供给接口和需求接口）。因此，两个具有相同接口的构件可以相互替换。

构件是比"对象"更大的软件部件，例如一个 COM 组件、一个 DLL 文件、一个 JavaBeans 以及一个执行文件都可以是构件。构件通常采用带有两个小方框的矩形表示，构件的名字写在方框中，如图 2-11 所示。

7. 结点

结点是指硬件系统中的物理部件，它通常具有存储空间或处理能力，如 PC（个人计算机）、打印机、服务器、显示器等都是结点。在 UML 中，用一个立方体表示一个结点，例如，结点"显示器"的表示方法如图 2-12 所示。

图 2-11　表示构件的 UML 符号

图 2-12　结点"显示器"的 UML 符号

2.2.2 行为事物

行为事物是用来表示业务系统或软件系统中事物之间的交互以及交互引起的事物状态的改变。行为事物描述了事物的动态特征。一般从两个方面描述事物的行为特征：事物之间的交互和事物的状态变化，描述这两个方面的符号也有两种：一种符号表示事物间的交互；一种符号表示事物的状态。

1. 交互

交互用来表示对象之间的相互作用，即，发送和接收消息的现象。

可以用一条有向直线来表示对象间的交互，并在有向直线上方标注消息名称即可，如图 2-13 所示。

2. 状态

事物处于某个特定属性值时的现象称为状态。在对象生命周期内，在事件驱动下，对象从一种状态迁移到另一状态，这些状态序列就构成了状态机，即一个状态机由多个状态组成。

在 UML 中，状态用一个圆角矩形表示，状态名称写在矩形框中。例如，手机处在"正在通话"状态的表示方法如图 2-14 所示。

消息名称 →

正在通话

图 2-13　表示交互的 UML 符号　　　　图 2-14　表示"正在通话"状态的 UML 符号

2.2.3 分组事物

在开发大型软件系统时，通常会包含大量的类、接口以及用例，为了能有效地对这些类、接口和用例进行分类和管理，就需要对其进行分组。在 UML 中可通过"包（Package）"来实现这一目标。

表示"包（Package）"的图形符号与 Windows 中表示文件夹的图符很相似，包的作用与文件夹的作用也很相似。如，java 语言中的"java.awt"包，用 UML 符号表示，则如图 2-15 所示。

图 2-15　表示"java.awt"
包的 UML 符号

2.2.4 注释事物

注释就是对其他事物进行解释，一般用文字进行注释。注释符号用一个右上角折起来的矩形表示，解释的文字就写在矩形框中，如图 2-16 所示。

图 2-16　表示注释的
UML 符号

2.3 关系

上一节介绍了代表事物的构造块，本节将介绍代表事物之间联系的符号，即关系。在 UML 中，共定义了 24 种关系，相应的有 24 种关系符号，如表 2-1 所示。

表 2-1　UML 中的关系及其符号

关 系	关系细化	UML 中的关系	UML 符号	关 系	关系细化	UML 中的关系	UML 符号
抽象	派生	依赖关系	《derive》	导入	私有	依赖关系	《access》
	显现		《manifest》		公有		《import》
	实现	实现关系	虚线加空心三角	信息流			《flow》
	精化	依赖关系	《refine》	包含并			《merge》
	跟踪		《trace》	许可			《permit》
关联		关联关系	实线	协议符合			未指定
绑定			《bind》（参数表）	替换		依赖关系	《substitu－te》
部署		依赖关系	《deploy》	使用	调用		《call》
扩展	Extend		《extend》（扩展点）		创建		《create》
扩展	extension	扩展关系	实线加实心三角		实例化		《instanti－ate》
泛化		泛化关系	实线加空间三角		职责		《responsi－bility》
包含		依赖关系	《include》		发送		《send》

上述有 24 种关系，在 UML 中，可以归纳为关联关系、实现关系、泛化关系、扩展关系和依赖关系 5 种，下面介绍这些关系的表示方法。

1. 关联关系

只要 2 个类之间存在联系，我们就认为 2 个类之间存在关联。关联是人们赋予事物之间的联系。实现关系、泛化关系、扩展关系和依赖关系都属于关联关系，只是这些关系更具体，更明确。关联关系是对关系的最高层次的抽象。在所有关系中，关联的语义最弱。

在关联关系中，有两种比较特殊的关系，它们是聚合关系和组合关系。聚合和组合关系能通过 java 语言实现，关联关系不能通过 java 语言实现，所以，在设计阶段，我们必须把分析阶段的关联关系细化为更具体的关系，如，细化为聚合关系，或者组合关系，依赖关系等等。

（1）关联关系的表示

关联关系是比较抽象的关系，它包含的语义较少，聚合关系和组合关系是更具体的关联关系，它包含的语义更具体。在 UML 中，使用一条实线来表示关联关系，如图 2-17 所示。

———————

图 2-17　表示关联关系的 UML 符号

（2）聚合关系

聚合（Aggregation）是整体与部分的关系，是一种特殊形式的关联。聚合关系是一种松散的对象间关系——计算机与它的外围设备就是聚合关系。一台计算机（整体）和它的外设（部分）之间松散地结合在一起，这些外设可以与其他计算机共享。即，部分可以离开整体而存在。

聚合的表示方法如图 2-18a 所示。其中棱形端表示事物的整体，另一端表示事物的部分。如计算机就是整体，外设就是部分。

（3）组合关系

如果发现"部分"类的存在是完全依赖于"整体"类的，那么就应使用组合关系来描述。组合关系是一种非常强的对象间关系，就像树和树叶之间的关系，树和它的叶子紧密联系在一起，叶子完全依赖树，它们不能被其他的树所分享，并且当树死去时，叶子也会随之死去——

这就是组合关系，在组合关系中，部分依赖于整体而存在。组合关系是一种强的聚合关系，它的表示方法如图 2-18b 所示。

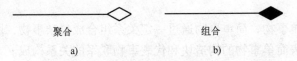

图 2-18 表示聚合关系和组合关系的 UML 符号

2. 泛化关系

泛化关系描述了从特殊事物到一般事物之间的关系，也就是子类到父类之间的关系，或者子接口到父接口的关系。表示泛化关系的符号是从子类指向父类的带空心箭头的实线，其表示方法如图 2-19 所示。而从父类到子类的关系则是特化关系。

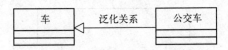

图 2-19 表示泛化关系的 UML 符号

3. 实现关系

实现关系是用来规定接口与实现接口的类之间的关系。接口是操作的集合，这些操作声明了类或组件所提供的服务。表示实现关系的符号是从类指向接口的带空心箭头的虚线，其表示方法如图 2-20 所示。

图 2-20 表示实现关系的 UML 符号

4. 依赖关系

假设有两个元素 X、Y，如果元素 X 的值发生变化，就会引起元素 Y 的值的变化，则称元素 Y 依赖于元素 X。依赖关系的表示如图 2-21 所示。

图 2-21 表示依赖关系的 UML 符号

如果两个元素是类，则类间的依赖现象有多种，如一个类向另一个类发送消息；一个类是另一个类的数据成员；一个类是另一个类的某个方法的参数。

从本质上说，聚合、组合、泛化以及实现关系都属于依赖关系，但是它们有更特别的语义。

5. 扩展关系

在 UML 中，用一个带箭头的实线表示扩展关系，如图 2-22 所示。这里的扩展含义是指对一个元类的扩展，即，通过扩展元类的语义，获得新的元类。

图 2-22 表示扩展关系的 UML 符号

2.4 图和视图

构造块代表了简单事物，简单事物通过一定关系组合成复杂事物，图就是用来表示复杂事物的。每个图是由代表简单事物的构造块和代表事物联系的关系构成。

2.4.1 UML 图

UML 中的图可分为两大类：结构图和行为图。结构图描绘系统中事物的组成及关系；行为图描述系统中事物间的交互行为。下面是 UML 图的组成，如图 2-23 所示。

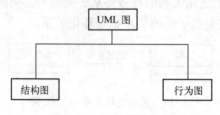

图 2-23　UML 图的组成

1. 结构图

结构图又分为 6 种，如图 2-24 所示。

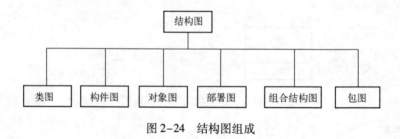

图 2-24　结构图组成

（1）类图

类图是使用 UML 建模时最常用的图，它展示了系统中的静态事物、它们的结构以及它们之间的相互关系。我们常用类图描述系统的逻辑设计和物理设计。

（2）构件图

构件图描述了一组构件组成和依赖关系。它用于说明软件系统中构件的组成、结构和如何协同工作。

（3）对象图

对象图可以展示系统中对象的组成和结构、是系统在某一时刻的快照。对象图是类图在某一时刻的快照。

（4）部署图

部署图可以展示系统中物理结点的组成、结构和运行时的体系结构。同时也展示了软件部件是如何部署在硬件上的。部署图展示了硬件和软件系统的体系结构。

（5）组合结构图

组合结构图展示系统、构件的内部结构及其内部关系。

（6）包图

包图可以展示系统的组成和包之间的依赖关系。包图常用来对系统中的元素进行分组，并用来表示软件的体系结构。

2. 行为图

行为图又细分为 7 种，如图 2-25 所示。

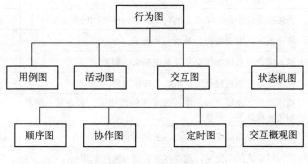

图 2-25　行为图组成

（1）活动图

活动图显示系统内部的活动控制流程。通常需要使用活动图描述不同的业务过程。

（2）状态图

状态图显示对象从一种状态迁移到其他状态的转换过程。例如可以利用状态图描述一个电话路由系统中交换机的状态迁移过程。不同的事件触发交换机转移到不同的状态。在 UML 2.0 中，状态图被称为状态机图。

（3）协作图

协作图（也称通信图）是交互图的一种。协作图突出对象之间的合作，以及交互时每个对象承担的职责。

（4）顺序图

顺序图是另一种交互图，它强调系统中对象相互作用时消息的先后顺序。

UML 2.0 中又增加了下列几种行为图。

（5）时间图

时间图也是一种交互图，它描述与交互对象的状态转换或条件变化有关的详细时间信息。

（6）交互概观图

交互概观图是一种高层视图，用于从总体上显示交互序列之间的控制流。

注意：在实际进行系统建模时，几乎没有人会使用到 UML 标准中定义的所有图。

（7）用例图

用例图描述了系统外部参与者如何使用系统提供的服务，描述了系统中用例之间的关系。

注意：组合结构图、包图及用例图是 UML 2.0 中新增的结构图。

3. 图的功能

在 UML 2.0 中共定义了 13 种图。表 2-2 列出了这 13 种图的功能。

表 2-2 UML 2.0 中的图

图 分 类	作　　用	描　　述
类图	描述系统中的类组成和类之间的关系	与 UML 1.0 相同
对象图	描述系统在某个时刻对象的组成和关系	UML 1.0 非正式图
组合结构图	描述复合对象的内部结构	UML 2.0 新增
构件图	描述构件的结构与组成	与 UML 1.0 相同
部署图	描述在系统中各个结点上的构件及其构件之间的关系	与 UML 1.0 相同
包图	描述系统的宏观结构，并用包来表示	UML 中非正式图
用例图	描述用户与系统如何交互及系统提供的服务	与 UML 1.0 相同
活动图	描述活动控制流程及活动结点的转换过程	与 UML 1.0 相同
状态机图	描述对象生命周期内，在外部事件的作用下，对象从一种状态如何转换到另一种状态	与 UML 1.0 相同
顺序图	描述对象之间的交互，重点在强调消息发送的顺序	与 UML 1.0 相同
协作图	描述对象之间的交互，重点在于强调对象的职责	UML 1.0 中的协作图
定时图	描述对象之间的交互，重点在于描述时间信息	UML 2.0 新增
交互概观图	是一种顺序图与活动图的混合嫁接	UML 2.0 新增

从使用的角度来看，可以将 UML 的 13 种图分为结构模型（也称为静态模型）和行为模型（也称为动态模型）两大类。

2.4.2 UML 视图

图描述系统某个方面的局部特征，多个相关的图可以描述系统的某个方面的全部特征，我们把描述系统某个方面全部特征的多个图的集合称为视图。

在 UML 参考手册第 2 版中，将 UML 图划分为 4 大应用类型和 9 种视图，如表 2-3 所示。

表 2-3 UML 图和视图

应 用 类 型	视　　图	组　　成
结构领域	静态视图	类图，对象图
	设计视图	复合结构图、协作图、构件图，对象图
	用例视图	用例图
动态领域	状态视图	状态机图
	活动视图	活动图
	交互视图	顺序图、通信图，时间图，交互概述图
物理领域	部署视图	部署图
模型管理	模型管理视图	包图
	特性描述	包图

其中，结构领域的视图描述了系统中的成员及其相互关系；动态领域的视图描述了系统随时间变化的行为；物理领域的视图描述了系统的硬件结构和部署在这些硬件上的系统软件；模型管理领域的视图说明了系统的分层组织结构。

2.5 规则和公共机制

1. 规则

在 UML 中，代表事物的构造块在使用时应遵守一系列规则，每个构造块必须遵守的 3 个规则如下。

- 名称：代表事物和关系的每个构造块应该有一个名字，即，事物、关系和图都应该有一个名字。和任何语言一样，名字即是一个标识符。
- 范围：每个事物都有它的作用的范围。相当于程序设计语言中变量的"作用域"。
- 可见性：UML 元素（代表事物的构造块）属于一个类或包中，因此，所有事物都存在访问级别，即可见性。在 UML 中，为元素定义了 4 种可见性，如表 2-4 所示。

表 2-4 UML 元素的可见性

元素的可见性	规　　则（假设被访问的元素在包中）	标准表示法
public	任一元素若能访问包，则就可以访问包中的元素	+
protected	只有包中的元素或子包才能访问它	#
private	只有包中的元素才能访问它	−
package	只有声明在同一个包中的元素才能访问该元素	~

2. 公共机制

在 UML 语言中，定义了 4 种公共机制：规格描述、修饰、通用划分和扩展机制。

（1）规格描述

在 UML 语言中，每个元素都有一个对应的**图形符号**，同时，对每个图形符号的语义有一个详细的文字描述，这种对图形符号的语义进行的文字描述称为**规格描述**，也称为**详述**。

如图 2-26 所示，在左边的方框中有三个用图形符号表示的用例，分别是："存款""取

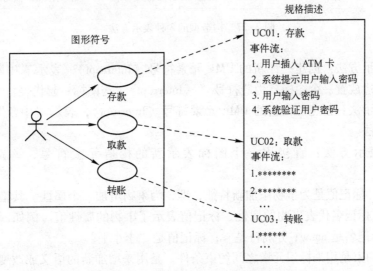

图 2-26 图形符号与对应的规格描述

款""转账"。在右边的方框中，分别对每个图形符号表示的用例进行了详细的文字描述，即规格描述。

（2）修饰

在 UML 中，每个元素符号对事物的主要方面提供了可视化表示，而若想将事物的细节表示出来，则必须对元素符号加以修饰。例如，用斜体字表示抽象类，用 +，－符号表示元素的访问级别，这些都是通过修饰符号来表示事物的细节。所谓修饰就是增加元素符号的内涵，为被修饰的元素提供更多的信息。

（3）通用划分

在 UML 中，通过分组将事物分成两组，它们是：类与对象、接口与实现。

- 类与对象：类是对对象共同特征的描述、是对象的模板，而对象则是类的实例。
- 接口与实现：接口是一种声明、一个合同、是一组方法的集合，而实现则是完成一个合同、实现接口中的声明。

在 UML 中，用例就是一种对功能的声明和定义，是对事物功能的抽象描述；而协作则是实现用例的功能；操作名是声明服务的，而方法体则是实现服务的。因此，用例与协作、操作名与方法体之间的关系就是接口与实现的关系。

（4）扩展机制

由于 UML 中定义的元素符号不能将现实世界中所有事物的特征表示出来，因此需要通过一些方法对元素符号进行扩展。UML 提供的扩展机制有三种：构造型、标记值和约束。

1）构造型。构造型就是指分析师自己定义一种新的 UML 元素符号，给这种新的元素符号赋予特别的含义，例如，分析师可以定义一个元素符号《Interrupt》，用该元素符号代表"中断"。如图 2-27 所示，就是用自定义的符号《Interrupt》表示中断的三种不同表示方法（分析师赋予符号《Interrupt》的语义是：设备"中断"）。

第一种方法（构造符号加图标）　　第二种方法（构造符号）　　第三种方法（图标）

图 2-27　构造型的 3 种表示方法

- 第一种表示方法：创建一种新的 UML 元素符号《Interrupt》，表示"中断"，在构造元素符号右边放置一个图标，构造符号"《Interrupt》"与图标一起代表"中断"。
- 第二种表示法：创建一种新的 UML 元素符号《Interrupt》，表示"中断"，这是一种标准表示方法。
- 第三种表示方法：直接用一个图标表示新的构造元素符号，该符号的语义是"中断"。

2）标记值。标记值是为事物添加新特征，即，为事物增加一个属性。其格式是："{标记名 = 标记值}"，标记名代表事物的属性，标记值表示了事物的属性值。例如，{name ="李小平"}。其中，标记名是 name；分隔符是 =；标记值是"李小平"。

3）约束。约束是用来标识元素之间约束条件，是用来增加新的语义或改变已存在规则的一种机制（通过文本和 OCL 两种方法表示约束）。其中，OCLLObject Constraint Language）是一种对象约束语言。约束的表示方法和标记值的表示方法类似，都是使用花括号括起来的字符串。

2.6 系统建模与视图

当用 RUP（Rational Unified Process，统一开发过程）软件开发模型开发软件系统时，可以从五个角度（五种视图）对软件系统进行建模，这五个视图分别是用例视图、设计视图、构件视图、并发视图和部署视图，即从 5 个角度来描述系统的五个方面。在这五个视图中，以用例视图为目标，分别构造其他四个视图。

下面是描述软件系统的 5 种视图，如图 2-28 所示。

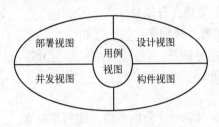

图 2-28　软件系统

1. 用例视图

描述了系统的功能和参与者。用例视图由多个用例图组成。

2. 设计视图

又称逻辑视图，描述了软件系统的组成、结构和行为，是软件系统的蓝图。设计视图常由类图、交互图、状态图和活动图组成。

3. 构件视图

描述了软件系统的组成和结构。视图描述了系统包含的软件构件和文件。该视图常由一组构件图组成。

4. 并发视图

描述系统各部分之间的同步和异步执行情况。该视图由状态图和活动图来描述。

5. 部署视图

描述了软件系统的各部分如何部署到各硬件结点上。该视图常用部署图、交互图、状态图和活动图描述。

2.7 小结

本章首先指出了 UML 是由构造块、规则和公共机制 3 个方面所组成的，然后对这 3 个方面展开进一步说明。

首先，阐述了事物构造块和关系构造块，它们是 UML 建模元素的主体。其中，事物构造块又包括结构事物、行为事物、分组事物和注释事物 4 种类型；关系构造块详细地描述了关联、泛化、依赖和实现 4 种主要的关系。

接着简要阐述了 UML 中公共的规则，并以命名规则、范围规则和可见性规则为例说明了它们对 UML 模型的影响。

然后系统地介绍了规格说明、修饰、通用划分和扩展机制。用户可以通过构造块添加新的事物，通过标记值添加新的特性，通过约束更好地体现模型，通过扩展机制为 UML 建模能力添加新的功能。

在本章的最后又介绍了"图"这个最重要的构造块，简要地阐述了 UML 2.0 中定义的 13 种图，以及不同图的划分和类别。同时还结合 RUP 中的"4+1"视图来说明系统体系结构的表示方法。

2.8 习题

1. 填空题

（1）UML 中主要包含四种关系，分别是_____、_____、_____和_____。

（2）物理视图包含两种视图，分别是_____和_____。

（3）常用的 UML 扩展机制分别是_____、_____和_____。

（4）UML 的通用机制分别是_____、_____和_____。

2. 选择题

（1）UML 中的事物包括结构事物，分组事物，注释事物和_____。

（A）实体事物　　　　　　　　　（B）边界事物

（C）控制事物　　　　　　　　　（D）动作事物

（2）UML 中的四种关系是依赖、泛化、关联和_____。

（A）继承　　　　　　　　　　　（B）合作

（C）实现　　　　　　　　　　　（D）抽象

（3）下面不是 UML 中的静态视图是_____。

（A）状态图　　　　　　　　　　（B）用例图

（C）对象图　　　　　　　　　　（D）类图

3. 问答题

（1）在 UML 中定义了哪几种可见性规则？

（2）规格描述与元素有何区别？

（3）什么是构造型？为什么要引入构造型？

（4）约束有两种表示法，它们分别是什么？

第3章　类　图

类图可以显示出类、接口以及它们之间的静态结构和关系。通常用类图来描述业务系统或软件系统的组成和结构。

3.1　类的表示

在 UML 中，要表示一个类，主要是标识出它的名称、属性和操作。类由一个矩形表示，矩形框分成三栏，在第一栏显示类的名称；在第二栏显示类的属性；在第三栏显示类的操作。BankAccount 类的表示如图 3-1 所示。

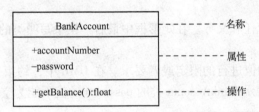

图 3-1　BankAccount 类

BankAccount 类包含两个属性，分别是：accountNumber，password，包含一个操作 getBalance( )。在类图中，属性和操作可以省略。BankAccount 类可以表示为图 3-2 和图 3-3 的形式。

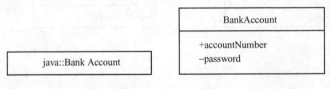

图 3-2　省略属性和操作　　　　图 3-3　省略操作

1. 名称

每个类都有一个名称，类名是不能省略的，其他部分则可以省略。类名的书写格式有两种，即，简单名和全名。

1) 简单名：见图 3-1 中的 BankAccount 类，表示类时没有将它所属的包表示出来。

2) 全名：见图 3-2 中，在表示 BankAccount 类时，在类名的前面加了它所属的包名（java）。在包名和类名之间加上分隔符号::。在 UML 中，Date（类）表示为：java::awt::Date，而在 java 语言中表示为：java. awt. Date。

2. 属性

属性描述了类的静态特征，在面向对象编程中，把属性表示为成员变量。

在属性的前面有一个修饰，用来表示属性的可见性（在 java 语言中称为访问权限），在 java 语言中，表示属性的可见性分别是：public、private、protected 和默认权限，在 UML 中，相应的表示为 + 、 - 、#、 ~，如表 3-1 所示。

表 3-1　java 的可见性符号与 UML 中可见性符号对应表

Java 符号	UML 符号	Java 符号	UML 符号
public	+	protected	#
private	−	package	~

3. 操作

操作是类所提供的服务。在面向对象编程语言中，它通常表示为成员方法。对操作的表示方法说明如下。

1）一般来说，操作的可见性修饰应该声明为 public，否则其他类无权访问该类提供的服务。

2）操作名的参数可以省略不写。

3）如果属性和操作名之前没有可见性修饰符，则表示可见性是 package（包）级别。如果属性或操作名具有下划线，则说明它是静态的。

4. 职责

职责是指类承担的责任和义务。在矩形框中最后一栏中写明类的职责，如图 3-4 所示。

5. 约束

约束是指对类的属性值进行的限定或者要求。在 UML 中，约束是用花括号括起来的自由文本，如图 3-5 所示，表示 BankAccount 类的 password 的值不能为空。

图 3-4　职责的表示

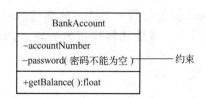

图 3-5　约束的表示

3.2　类图的概念

类图是描述类、对象、接口及其关系的图。与所有 UML 的其他图一样，类图还可以包括注释、约束和包。

1. 类图示例

图 3-6 是一个展示飞机（Plane 类）、引擎（Engine 类）和控制软件（ControlSoftware 类）关系的类图，该图表示一个 Plane 类如何由四个引擎和两个控制软件对象组成。

图 3-6 表示的含义如下。

1）图中包含三个类：Plane 类、Engine 类和 ControlSoftware 类。

2）图中包含的关系：2 个组合关系和一个关联关系。对关系的理解如下。

● 一架飞机拥有 4 个引擎。

● 一架飞机拥有 2 个控制软件。

● 一个引擎与 0 个到 2 个控制软件相关。

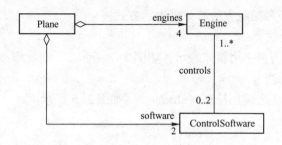

图 3-6　展示 3 个类的类图

2. 类图中的元素

类图中可以包含的元素有：类、接口、协作、注释、约束和包。关系把类、协作、接口连接在一起构成一个图，注释的作用是对某些类和接口进行解释，约束的作用是对某些类和接口进行约束。

3. 类图中的关系

一般来说，类图中的关系包括：依赖关系、泛化关系、关联关系和实现关系。

3.3　类图中的元素

前面介绍过，任何一个图是由元素和关系构成的。类图中的主要元素有：类、接口、包。其中，类还可以进一步细分为：抽象类、关联类、模板类、主动类、嵌套类。下面分别介绍。

1. 抽象类和抽象方法

抽象类是一种不能直接实例化的类，也就是说不能用抽象类创建对象。

Shape 类是一个抽象类，因为不能画出一个形状（Shape），只能画出它的子类（比如方形、圆形等、多边形等），因此，Shape 类中的 draw( )方法是一个抽象方法。如图 3-7 所示给出了抽象类 Shape 及其子类的示例的标准表示法。在这些子类中，都对父类 Shape 中的抽象方法 draw( )进行了重写，即实现了父类中的 draw( )方法。因此，可以调用 Retangle、Polygon 和 Circle 类中的 draw( )操作分别画矩形，多边形和圆。

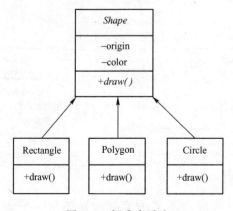

图 3-7　标准表示法

在 UML 中，抽象类和抽象方法有 2 种表示方式。

（1）UML 标准表示法

抽象类和抽象方法的名字用斜体表示，如图 3-7 所示。

（2）UML 草图表示法

在抽象类和抽象方法名前加符号《abstract》，如图 3-8 所示。

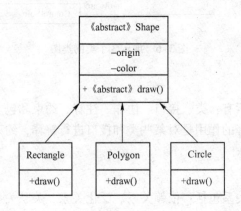

图 3-8　草图表示法

2. 接口

接口是抽象方法的集合（见 java 语言中接口的定义）。接口又细分为 2 种，即供给接口和需求接口。

在 UML 中，接口有两种表示方法，一种是用图标表示；另一种是用构造型《Interface》表示。

（1）图标表示法

供给接口用一个小圆表示，需求接口用一个半圆表示。用图标表示接口时，没有列出接口包含的方法，这种表示法适合于草图应用，如图 3-9 所示。

（2）构造符号表示法

构造符号《Interface》和接口名写在方形框的第一栏，在方形框的第二栏中列出多个常量（可以省去该栏），在第三栏中列出多个抽象方法。如图 3-10 所示，接口名是 IUnknown。

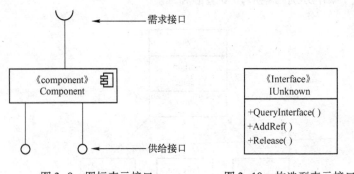

图 3-9　图标表示接口　　　　图 3-10　构造型表示接口

3. 关联类

在多对多的关系中，有些属性不属于关联两端任何一个类，例如，在工资管理系统中有两个类：person（人）和 Company（公司），显然一个人（person）可以在多个公司

（Company）工作，同时每个公司（Company）雇佣多个人（person），因此它们之间是多对多的关系。

如果要记录某个 person 在所属公司的工资（salary），应该把工资（salary）属性放在哪个类中呢？因为工资属性既不属于 person，也不属于 Company，只有某个人与公司建立了工作关系后工资属性（salary）才存在。因此，应该创建一个关联类 job，将工资属性加入这个 job 类中，如图 3-11 所示。

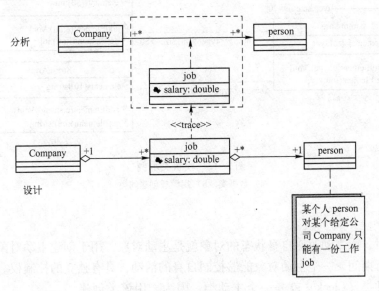

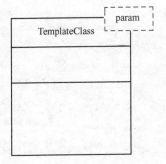

图 3-11　关联类 job

在分析阶段可以使用关联类。但是，任何 OO（Object - Oriented，面向接口）编程语言都不能直接将关联类映射为程序代码。因而，必须将分析阶段的关联类具体化为设计类（设计类是指可以用编程语言实现的类）。

设计师必须综合使用关联、聚合、组合，甚至依赖来捕获关联类的语义，将关联类具体转化成可以用编程语言实现的类，这可能需要对分析模型添加约束。通过确定某一端为关联的整体，以及使用相应的聚合和导航性，将关联类转换为具体可以实现的设计类。图 3-11 中，我们将分析阶段的关联类转换成了设计阶段的制品。

4. 模板类

模板类（template）又称作参数化类。模板类定义了一族类。模板类拥有一个参数表，这个参数表中的参数称作形参，当用实际的参数代替模板类中的形参后，才能创建一个具体的类。

模板类的 UML 表示法与一般类的表示法一样，只是在方形框的右上角拥有一个虚线框，在这个虚线框中列出了形参表。其表示方法如图 3-12 所示。

例如，某个应用要求定义一些类，以处理整型、字符串数组。一般的做法是为整型和字符型数组各创建一个类，这两个类除了数据类型不同之外，其他都相同。

图 3-12　模板类的表示法

设计师可以定义一个模板类，如图 3-13a 所示，在模板类中有 2 个形参（type，size）。形

27

参 size 的数据类型是 int，其默认值是 20。

为了创建整型数组类，用实参值（type = int, size = 50）代替形参后，就创建了类 IntArray。为了创建字符串数组类，用实参值（type = String, size = 10）代替形参后，就创建了类 StringArray。如图 3-13b 所示。

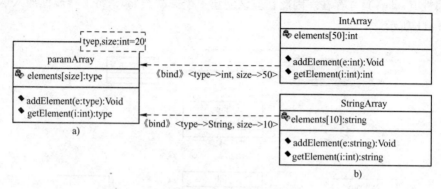

图 3-13　模板类示例

a）数据类　b）用模板创建的类

5. 主动类

程序执行时，能主动改变自身状态的对象就是主动对象，用于创建主动对象的类就是主动类。在程序执行期间，一个主动对象能够控制自身的活动，具有独立的控制权。

例如，时钟类（Clock）就是一个主动类，因为，用该类创建的时钟对象能改变自身的状态。在 UML 2.0 中，主动类的表示法是在方形框的两边各增加一条垂直线，如图 3-14 所示。

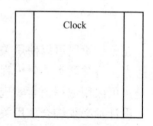

图 3-14　主动类的表示方法

6. 嵌套类

在 Java 的语言中，允许将一个类的定义放在另一个类定义的内部。在外层定义的类被称作外部类，在内部定义的类被称作内部类，类的这种关系就是嵌套类。在 UML 中，可以采用一个锚图标来表示这种关系，如图 3-15 所示。

例如，一个外部类是 HelloFrame，内部类是 Mouse 的嵌套类，定义格式如下。

```
public classHelloFrame extend Frame
{
    Class Mouse
    {
        ...
    }
}
```

因为类 HelloFrame 是 Frame 的子类。用 UML 符号表示上面 3 个类之间的关系，如图 3-15 所示。

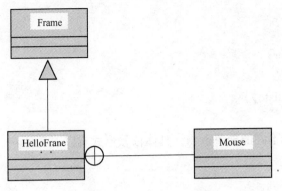

图 3-15 嵌套类表示法

3.4 类间关系

在 UML 中，按照关系的性质将关系分为 5 种，它们是依赖关系、泛化关系、关联关系、实现关系和扩展关系，其中，扩展关系在用例图中讲解，下面分别说明其他 4 种关系。

3.4.1 依赖关系

对于两个相对独立的对象，当一个对象的变化会影响另一个对象时，则这两个对象之间的关系表现为依赖关系。

比如说你要去拧螺丝，就必须借助（也就是依赖）螺丝刀（Screwdriver）来帮助你完成拧螺丝（screw()）的工作。那么你（Person）与螺丝刀（Screwdriver）的关系就是依赖关系。即，你依赖于螺丝刀，用 UML 来表示这种依赖关系，如图 3-16 所示。

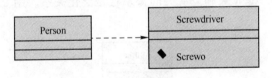

图 3-16 依赖关系的示例

上图的依赖关系用 java 语言来实现时，则代码如下。

```java
public class Person{
    /**拧螺丝 */
    public void screw(Screwdriver screwdriver){
        screwdriver. screw();
    }
}
```

我们把提供服务的对象称为**提供者**，把使用服务的对象称为**客户**。因此，在图 3-16 中，我们称 Screwdriver 为提供者，称 Person 为客户。

依赖关系可以细分为 4 大类，即使用依赖、抽象依赖、授权依赖和绑定依赖。

（1）使用依赖

表示客户使用提供者提供的服务，以实现它的行为，下面都属于使用依赖的具体形式。

- 使用（《use》）
- 调用（《call》）
- 参数（《parameter》）
- 发送（《send》）
- 实例化（《instantiate》）

（2）抽象依赖

客户与提供者属于不同的抽象事物，具体依赖形式有以下几种。

- 跟踪（《trace》）
- 精化（《refine》）
- 派生（《derive》）

（3）授权依赖

表达一个事物访问另一个事物的能力，具体依赖形式有以下几种。

- 访问（《access》）
- 导入（《import》）
- 友元（《friend》）

（4）绑定依赖

用绑定模板以创建新的模型元素时，其依赖形式为绑定（《bind》）。

3.4.2 泛化关系

从父类到子类的关系称为继承关系；从子类到父类的关系称为泛化关系（从特殊到一般）。泛化关系中的事物可以是类、接口和用例。

比如说，Animal 类与 Tiger 类和 Dog 类的关系就是泛化关系。用 UML 模型来表示这种泛化关系，如图 3-17 所示。

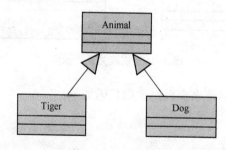

图 3-17　泛化关系

其中，Tiger 类和 Dog 类表示了特殊事物，Animal 类表示了一般性事物，因此，Tiger 类和 Dog 类分别是 Animal 类的特化，Animal 类是 Tiger 类和 Dog 类的一般化。从特殊事物中抽取共同特点构成一般性事物的过程是泛化的过程，在一般性事物中加入新特点的过程是继承的过程。

上图的泛化关系用 java 语言来实现时，则代码如下。

```
class Animal{}                      //定义一般性事物
class Tiger extends Animal{}        //定义 Tiger
classDog extends Animal{}           //定义 Dog
```

```
public class Test
{
    public void test( )
    {
        Animal a = new Tiger( ) ;
        Animal b = new Dog( ) ;
    }
}
```

3.4.3 实现关系

类与被类实现的接口、协作与被协作实现的用例都是实现关系。

比如说，Professor 和 Student 类与 Person 接口就是实现关系。Person 作为接口被定义，Professor 类和 Student 类分别实现了 Person 接口。用 UML 来表示这种实现关系时，其模型如图 3-18 所示。

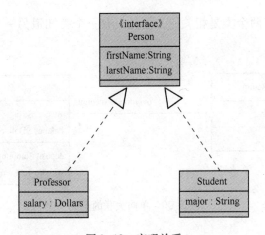

图 3-18　实现关系

3.4.4 关联关系

关联关系是一种最抽象的、最不具体的语义关系。只要建模者认为两个事物之间存在某种关系，我们就认为它们具有关联关系。但是，我们可能不知道它们是如何相关的，即，不知道关联的属性。

有五种关联，在这一部分中，将讨论它们中的四种：双向关联、单向关联、聚合关系和组合关系。

（1）双向关联

关联是两个类间的连接。关联总是被假定为双向的，即，两个类彼此知道它们间的联系。

图 3-19 显示了在 Flight 类和 Plane 类之间的一个标准类型的关联。

一个双向关联用两个类间的实线表示。在线的任一端，放置一个角色名和多重值。图 3-19 显示 Flight（航班）类与一个特定的 Plane（飞机）类相关联，而且 Flight 类知道这个

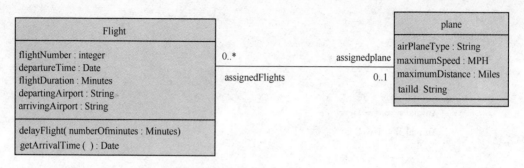

图 3-19 双向关联的示例

关联。因为角色名以 Plane 类表示，所以 Plane 承担关联中的"assignedPlane"角色。Plane 类后面的 0..1 表示当一个 Flight 实体存在时，可以有一个或没有 Plane 与之关联（即，Plane 可能还没有被分配给某个航班）。图 3-19 也显示 Plane 知道它与 Flight 类的关联。在这个关联中，Flight 承担"assignedFlights"角色；图 3-19 告诉我们，Plane 实体可以不与 Flight 关联（例如，它是一架全新的飞机，没有安排航班）。

（2）单向关联

在一个单向关联中，两个类是相关的，但是只有一个类知道另一个类的存在。图 3-20 显示单向关联的一个示例。

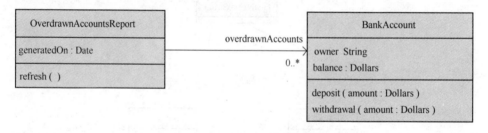

图 3-20 单向关联的示例

OverdrawnAccountsReport 类（透支财务报告）知道 BankAccount 类（账户）存在，而 BankAccount 类对 OverdrawnAccountsReport 类一无所知。

在构建 UML 模型时，应该把知道关联存在的类画在箭尾端，把不知道关联存在的类画在箭头端。

在单向关联中，应该在箭头端写出关联的角色名和一个多重值。在图 3-20 中，OverdrawnAccountsReport 知道 BankAccount 类，而且知道 BankAccount 类扮演"overdrawnAccounts"的角色。然而，和标准关联不同，BankAccount 类并不知道它与 OverdrawnAccountsReport 相关联。

（3）聚合关系

聚合是一种特别类型的关联，用于描述"总体与局部"的关系。在聚合关系中，部分的生命周期独立于整体的生命周期。

图 3-21 所示，车（Car）与车轮（Wheel）的关系就是整体与部分之间的关系。车是一个整体，而车轮是整个车的一部分。轮胎可以在安置到车时的前几个星期被制造，并放置于仓库中。在这个实例中，Wheel 实例清楚地独立于 Car 类实例而存在。

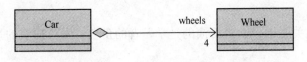

图 3-21 聚合关系示例

（4）组合关系

组合关系是关联关系的另一种形式，也是用于描述"总体与局部"的关系。但是，部分的生命周期依赖于整体的生命周期。

图 3-22 所示，公司（Company）与部门（Departement）的关系也是总体与部分的关系。在公司存在之前，部门不会存在。这里 Department 类的实例依赖于 Company 类的实例而存在。

图 3-22 组合关系的示例

图 3-22 中，显示了 Company 类和 Department 类之间的组合关系，注意组合关系与聚合关系一样地绘制，不过这次菱形是被填充的。

注意：在 Rose 工具中，表示组合的符号与在 UML 语言中表示组合的符号是不同的，如图 3-23 所示。

图 3-23 表示组合的符号

3.4.5 关联的属性

在类图中，依赖关系、泛化关系、实现关系已经是很具体的关系，而关联关系是对所有关系的一种泛指，是一种高度抽象的关系。为了对关联进一步具体化，确定关联的具体语义，就必须明确关联的属性。关联的属性包括名称、角色、多重性、导航性（方向）、限定性。

1. 名称

可以使用一个动词或动词短语给关联命名，用来描述关联的性质。关联名称应该描述关联两端类之间的关系。关联的名称不是必需的，在关联名和角色中选择一种即可。可以在关联的直线上方写上阅读方向的方向指示符，以消除阅读的歧义。

如图 3-24 所示，关联名称是"使用"，即用户使用计算机。

图 3-24 关联名称

2. 角色

在关联关系中，角色表明了关联的每一端在形成关联关系中所承担的职责，即关联发生时，关联的每一端在关联中扮演的角色。角色的名称应该是名词或名词短语，以解释对象是如何参与关联的。

如图 3-25 所示的关联中，学生扮演的是学习者的角色，学校扮演的是教学者的角色。

3. 多重性

多重性就是某个类有多少个对象可以和另一个类的单个对象关联。

如图 3-26 所示的多重性表示：一个学校可以有 1 个或多个学生学习；一个学生可以到多个学校去学习，或不去任何学校学习。

图 3-25　关联的角色　　　　　　　　　　图 3-26　关联的多重性

4. 导航性（单向关联）

关联是双向的，即关联的两端都可以访问另一端。为了确定关联的方向，我们引进导航的概念。

导航性描述了以源类创建的对象可以将消息发送给由目标类创建的对象，反之，不能以目标类创建的对象的消息发送给源类创建的对象。导航性表示箭头从源类指向目标类。即，消息可以从源类对象发送到目标类对象，反之不可以，如图 3-27 所示。

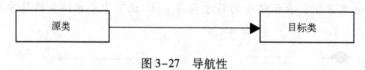

图 3-27　导航性

下面举一个例子，House（房子）与 Address（地址）是单向关联的，即房子对象可以访问地址，但是，地址是不能访问房子的。用 java 语言实现时其代码如下。

```
public class House
{
    private Addressaddre;    // House 引用 Address，角色名是 addre。
    …
}
```

从上面的代码可以看出，House 类创建的对象引用了 Address 类创建的对象，这样，House 对象可以访问 Address 对象，反之不可以。

用 UML 符号表示 House 类和 Address 类之间的关联关系如图 3-28 所示，显然，它们之间是单向关联，在这个关联中，目标类的角色名是 addre，在用 java 语言实现时，我们常把角色名作为成员变量。

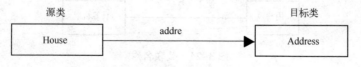

图 3-28　House 引用 Address

所有的面向对象的编程语言只能实现单向关联，不能实现双向关联，因此，我们在设计阶段的制品是不能有双向关联的，必须将双向关联转化成单向关联。

注意：如果我们标识了关联的导航方向，本质上表明了该关联是单向关联。

5. 限定符

如果源对象到目标对象是一对多关联，为了在多个目标对象的集合中查找到需要的目标对象，必须在目标对象集合中，选择一个唯一标识目标对象的查找键（限定符，从目标对象的属性中选择），它应该是目标对象中的某个属性，当然，也可以是表达式。图 3-29 所示，是一个标明了限定符号的关联关系。

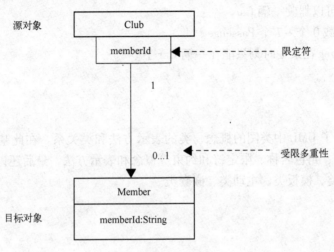

图 3-29　限定符

如图 3-29 所示说明一个俱乐部（Club）可以有多个成员（Member），为了在成员集合（目标对象）中找到需要的对象，从目标集合中选择 memberId 作为查找关键字，即限定符。

3.5　阅读类图

图 3-30 是一个描述汽车及旅客的类图。

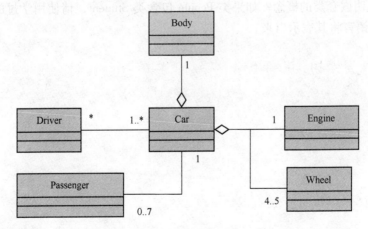

图 3-30　汽车与旅客关系类图

我们从关联最复杂的类开始理解上面的类图。

● Car 有一个 Engine。

- Engine 是 Car 的一个组成部分。
- Car 有 4 或 5 个 Wheel。
- 每个 Wheel 都是 Car 的一部分。
- 每个 Car 总是由一个 Body 组成。
- Body 总是 Car 的一部分，它随着 Car 一起存在和消亡。
- Car 可以有任意多个 Driver。
- Driver 至少可以驾驶一辆 Car。
- 一个 Car 承载 0 个 ~7 个 Passenge。
- 一个 Passenger 在某一时刻只能在一辆 Car 上。

3.6　小结

本章详细说明了 UML 中类图的概念、类的表示方法和类关系。在此基础上，还讲述了关系、多重性、导航、角色名称、限定符和约束等概念和表示方法，最后还讨论了高级概念：接口/抽象类、关联类、模板类、主动类、嵌套类。

3.7　习题

1. 填空题
（1）类之间的关系包括_____关系，_____关系，_____和_____关系。
（2）在 UML 的图形表示中，_____的表示法是一个矩形，这个矩形由三个部分构成。
（3）类中方法的可见性包含三种，分别是_____、_____和_____。

2. 问答题
（1）用实际例子绘制一个类，并指出它主要包含哪 3 个部分及其语义。
（2）在对类名、属性/方法命名时，通常会遵循什么规则？举例说明。
（3）举例说明嵌套类的概念？如果类 People 包含类 Student，请使用学过的、支持嵌套类的面向对象编程语言将其表示出来。

第4章 对 象 图

对象图显示了一组对象和它们之间的关系。对象图和类图一样，反映了系统中元素组成和结构关系。对象图是类图在某个时刻的快照。

4.1 对象

对象是一件事、一个实体、一个名词。对象是客观存在的事物。现实世界中汽车、人、房子、桌子、狗、支票和雨衣等都是对象。

所有的对象都有属性，例如，汽车有厂家、型号、颜色和价格等属性。狗有种类、年龄、颜色等属性。对象还有行为，例如，汽车可以从一个地方移动到另一个地方，狗会吠等。

现实世界中的对象，有的处于运行状态，有的处于静止状态。计算机中的对象都是活的、有生命能力的对象，当激活这些对象时，它们都能执行一些特定的任务。

4.1.1 对象的三要素

1. 对象的三要素

对象具有状态、行为和标识三个要素。

1）状态：对象的状态指在某一时刻对象所有属性值的集合。在实际应用中，用对象的某个属性值来标识对象的状态，如，人（Person）这个对象中有年龄（age）属性，我们可以把 $age < 18$ 岁的人规定为少年；把 18 岁 $< age < 40$ 岁的人规定为青年；把 40 岁 $< age < 60$ 岁的人规定为中年等等。按照 age 的值可以把对象分成少年、青年、中年和老年四种状态。

2）行为：没有一个对象是孤立存在的，对象可以被操作，也可以操作别的对象，我们把对象的这些动态特征称为对象的行为。

3）标识：为了将一个对象与其他所有对象区分开来，通常会给每个对象赋予一个"标识"。在计算机中，当对象产生时，计算机系统就给对象赋予一个标识，以区别其他对象。

2. 对象与类的区别

对象是类的一个实例，类是对一组对象的共同特征进行概括和描述。

（1）对象是一个存在于时间和空间中的具体实体，而类是一个模型，该模型抽象出一组对象的共同"本质"，即一组属性和一组方法。当以类为模板创建一组对象时，每个对象都从类中复制了一组相同的属性和一组公共方法。

（2）类是对一组对象共同特征的描述，对象是特化了的实体；类是定义，对象是实例。

4.1.2 对象分类

每个对象具有完整的特性和行为。例如，教学环境由学校、学生、老师和课程等对象组成，这些对象通过某种方式相互关联。学生具有名字和地址的属性，课程有名称和课时属性。

一个对象通常有很多状态，但是在某一个时刻，只能处于某一种状态。对象的状态由对象的属性值来描述。在不同的状态下对象可能表现出不同的行为。例如，人这个对象可以分为苏醒状态和睡眠状态。在苏醒状态，一个人可以具备站立、走动、跑动等行为；而在睡眠状态时，这个人可以有打鼾、梦游等行为。我们可以将对象分成三类。

1. 物理对象和概念对象

广义地讲，对象可划分为物理对象和概念对象，它们是人们能够在现实世界中找到的事物。人们时刻在与物理对象和概念对象打交道。

物理对象是客观存在的对象，是有形的事物。比如书籍、公共汽车、计算机、一棵松树等等。又比如，在自动取款机中的读卡器、收据打印机都属于物理对象。

概念对象是无形的事物。比如银行账户和日程表。很多时候，概念对象常被认为是物理对象。例如，常常说"我们按月偿还贷款（概念对象）"，而不说"我们偿还银行存折"。

2. 领域对象和实现对象

从现实世界中识别出来的对象是领域对象。例如，银行账户、取款机和客户是人们每天都要碰到的领域对象；在软件系统中，为了构造软件系统的需要，人为构造的对象称为实现对象（为了某个目的由人为创建出来的对象）。如，提供错误恢复的交易日志就是一个实现对象，这个对象是为了实现软件的需要，由软件工程师构造的对象。

领域对象在整个开发生命周期内比较稳定，这些对象构成了软件系统的基础（架构）；当软件需求发生变化时，常常需要修改实现对象的结构，实现对象是不稳定的。

3. 主动对象和被动对象

一个对象可以是主动的也可以是被动的。主动对象是可以改变自身状态的对象。被动对象只有在接收到消息后才会改变自身的状态。因为大多数对象都是被动对象，所以，我们假设所有对象都是被动对象。因为实现主动对象和被动对象的方法不同，所以，有必要区分主动对象和被动对象。

4.2　对象的表示

在 UML 中表示一个对象，主要是标识它的名称、属性和操作。与类的表示方法一样，对象由一个矩形表示，矩形可以分成两栏或三栏。

若只想标识对象的名称和属性，则用两栏的矩形表示对象。在第一栏写入对象名，在第二栏列出属性名及属性值，格式如"属性名＝属性值"。

当用两栏的矩形表示对象时，有三种表示格式，这三种格式的不同点在于第一栏的格式不同。下面是表示对象的三种方法。

（1）对象名:类名

在矩形框的第一栏中同时标识对象名和类名。对象名在前，类名在后，对象名与类名间用冒号分隔，并且对象名和类名都加下划线，如图 4-1 所示。

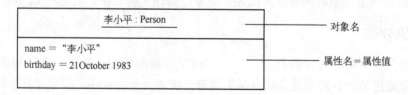

图 4-1　有对象名称表示法

（2）:类名

在矩形框的第一栏中只标识类名，不标识对象名。这种方式用来表示匿名对象，如图 4-2 所示是对匿名对象的表示方法。这种格式用于尚未给对象取名的情况，前面的冒号不能省略。

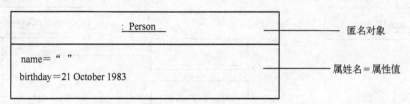

图 4-2　对象名称匿名表示法

（3）对象名

在矩形框的第一栏中只标识对象名，不标识类名。如图 4-3 所示是省略格式，即省略掉类名。如果只有对象名，对象名必须加下划线。

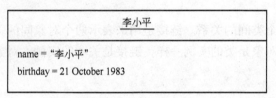

图 4-3　不标识类名的对象名称表示法

4.3　对象图

对象图是描述对象及其关系的图。与所有 UML 的其他图一样，对象图还可以包括链接、注释、约束等。

1. 对象图示例

对象图可以看作类图在某一时刻的实例，几乎使用与类图完全相同的标识。它们的不同点在于，对象图显示类的实例，而不是实际的类。由于对象存在生命周期，因此对象图只能在系统某一时间段存在。图 4-4 是一个典型的对象图示例，它显示了飞机上有 2 个控制对象（ControlSoftware）与 4 个引擎之间的关系。

图 4-4 表示，飞机有两个 ControlSoftware 对象，4 个引擎（Engine）。每个控制对象（ControlSoftware）控制两个引擎。对象 control1 控制 engine1 和 engine2 。对象 control2 控制 engine3 和 engine4 。

2. 对象图中的元素

对象图中可以包含的元素有：对象、协作、注释、约束和包。链接把对象、协作和包连接在一起构成一个图。注释的作用是对某些对象和包进行说明。约束的作用是对某些对象和包进行限定。

3. 对象图中的关系

对象图中的关系包括双向链接和单向链接 2 种。

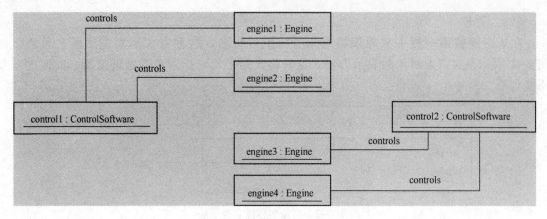

图 4-4 对象图示例

4.4 对象间的关系

关联是用来表示两个类间的关系。**链接**是用来表示两个对象间的关系,即,链接是两个对象间的语义关系。就像对象是类的实例一样,链接是关联的实例。对象图中的关系有两种:单向链接和双向链接。

1. 双向链接

双向关联的实例就是双向链接,双向链接用一条直线表示。图 4-5 所示是双向链接的一个示例。

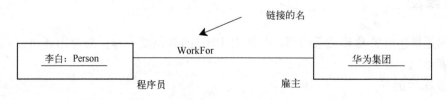

图 4-5 双向链接示例

如图 4-5 所示,对象李白与华为集团是双向链接,链接名称是:WorkFor,李白在这个链接中充当程序员的角色,华为集团充当雇主的角色。双向链接表示,链接的两端对象都知道另一方的存在,每一方都能访问对方的信息。

2. 单向链接

单向关联的实例就是单向链接,单向链接用一条带箭头的直线表示。图 4-6 所示是单向链接的示例。

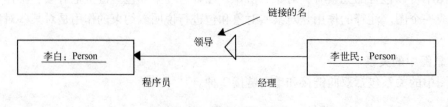

图 4-6 单向链接示例

如图 4-6 所示，对象李白与李世民是单向链接，链接名称是：领导。李白在这个链接中充当程序员的角色，李世民的角色是经理。单向链接表示李世民知道李白的存在，并能访问李白，反之不然。

4.5 类图与对象图

对象图显示系统中某个时刻对象和对象之间的关系。一个对象图可看成一个类图的实例化。一个类图描述了一组具有共同特征的对象图，对象图是类图的快照。

在第 3 章中，我们已经知道 Flight 类和 Plane 类之间是一个双向关联的类图，其类模型如图 4-7 所示。

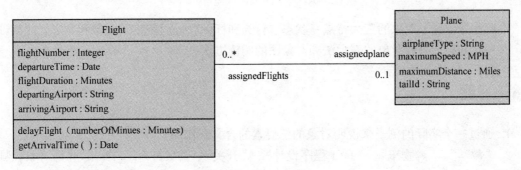

图 4-7 飞机航班类图

图 4-7 的模型语义如下。

1）一个航班可能确定了一架飞机，也可能还没有确定任何飞机。

2）一个飞机可能已拟定去为多个航班执行飞行任务，或者还没有计划到任何航班中去。

在实际飞行业务中，某一时间段内，一架飞机执行航班的具体情况可能有多种。图 4-8 所示是一架飞机执行 2 个航班的示例。

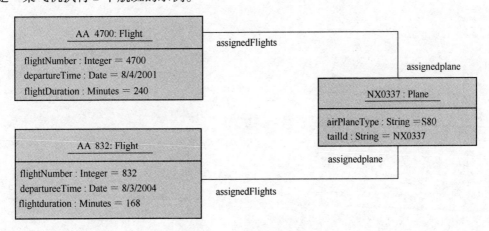

图 4-8 飞机航班对象图

图 4-8 的模型语义如下。

飞机 NX0337 被拟定执行 2 个航班的飞行任务：一个航班是 AA4700；另一个航班是 AA832。

4.6 阅读对象图的方法

对象图中对象间的关系称为链接。阅读对象图的方法如下。

1) 找出图中所有的类。
2) 了解每个对象的语义。
3) 了解对象之间的链接含义。
4) 从链接数目最多的对象开始阅读对象图。

4.7 小结

本章首先阐述了对象的三大特点：状态、行为和标识，进而阐述了对象和类之间的辩证关系，并在此基础上解释对象的表示法和对象图的阅读方法。

4.8 习题

1. 通过一个实际的例子来说明对象的三要素的含义和作用。
2. "教学"、"购物车"、"Java 程序设计"、"开关"、"字符串"中，哪些是对象，哪些是类？
3. 举例说明对象图的建模实例。
4. 绘制一个与 Java 程序对应的对象图。
5. 讨论对象图与类图的区别和应用，并举例说明对象图与类图在应用上的优缺点。

第 5 章 包　图

　　包图就是用来描述包及其关系的图，常用包图来描述系统、子系统的宏观组成和结构，或者用包图对成组元素分组，以方便系统开发、维护和管理。

5.1　包

　　包是用于分组的符号，常用来对一组相同的 UML 元素进行分组存放和管理。UML 中的包相当于文件系统中的文件夹，UML 中的一个包直接对应于 Java 中的一个包。在 Java 中，一个包可能含有其他包、类或者同时含有这两者。UML 中的包可以包含子包、类、接口、构件和用例。

1. 包的示例

　　图 5-1 是一个典型的包，包的名称是 Client，包中有 2 个类：OrderForm、Order。

2. 包中的元素

　　在包中可以拥有各种其他元素，如类、接口、构件、结点、协作、用例，甚至是其他子包。一个元素只能属于一个包。

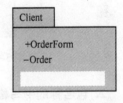

图 5-1　包

3. 包的作用

　　在面向对象的软件开发过程中，组件、类和接口是构建软件系统的主要元素。大型的软件系统包含的类和接口成百上千，类间关系极其复杂。因此，元素的数量和关系远远超出了开发者的处理能力。开发人员为了方便对类和接口的开发和管理，就引入了"包"这种构造块。包的作用如下。

　　1）对语义上相关的元素进行分组。如把功能相关的用例放在一个包中。

　　2）以包为单位对系统进行配置、管理。如以包为单位，对软件进行安装和配置。

　　3）以包为单位分配设计任务。如在设计阶段，多个设计小组可以同时对几个相互独立包中的类进行详细设计。

　　4）包提供了一个封装空间。在同一空间中，元素的名称必须唯一。

5.2　包的表示

　　在 UML 中一个包由 2 个矩形框组成，上面是一个小矩形，下面是一个大矩形。图 5-2 就是最常见的包表示法。

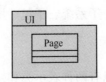

图 5-2　常见的包表示方法

该包的名称是 UI，包中包含一个类 Page。

5.2.1　包命名

每个包必须有一个与其他包相区别的名称。包名称可以有两种书写位置。同时，包名称的书写格式有两种，即简单名和全名。

1. 包名称的书写位置

包名称可以有两种书写位置：一种方式是将包名写在第一栏中，另一种方式是将包名写在第二栏中。

（1）包名写在第一栏

如图 5-3 所示，包名 Server 写在第一栏。在第二栏列出了该包包含的类。

（2）包名写在第二栏

如图 5-4 所示，包名 System：Data：SqlClient 写在第二栏。该包包含的元素没有显示出来。

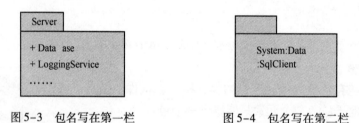

图 5-3　包名写在第一栏　　　　　　　图 5-4　包名写在第二栏

2. 包名称的书写格式

包名称的书写格式有两种，即简单名和全名。其中，简单名仅标识包本身的名字，不列出该包的外围包名字；全名是用该包的外围包的名字作为前缀，加上包本身的名字。

如图 5-5 所示是同一个包的两种表示格式。在左边的图中，用简单名 UI 表示包，在右边的图中，用全名格式 System. Web. UI 表示包。System. Web. UI 表示包 UI 包含在 System. Web 包中。

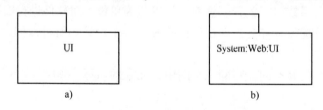

图 5-5　包称的 2 种书写格式
a）简单名　b）含路径名（全名）

5.2.2　包中的元素

一个包中包含的元素可能是系统、子系统、子包、用例、构件、接口和类。下面介绍包中元素的表示方法和元素的可见性。

1. 包中元素是类和接口

当包中的元素是类和接口时，可以有两种表示类和接口的方法：一种是在第二栏中列出包的所有元素名；另一种是在第二栏中画出包中所有元素的图形和关系（参见图 5-6）。

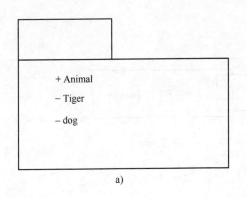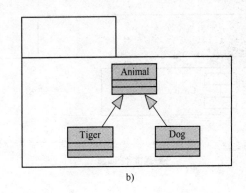

a)   b)

图 5-6　元素的 2 种表示方法

a）列出元素名称　b）显示元素之间的关系

2. 包中的元素是用例

图 5-7 表示的包 ATM 中包含两个用例，它们是：取款用例和超额取款用例。

3. 包中元素是包

包中元素是包时，就是包嵌套。图 5-8 所示，就是包嵌套的例子。外部包 System：Web 里面嵌入了一个包 UI，UI 包中有一个类 Page。

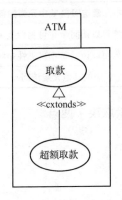　　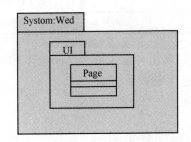

图 5-7　包中的元素是用例　　　　图 5-8　包嵌套示例

注意： 每一个包就是一个独立的命名空间，同一个包中任意 2 个元素的名称不能相同。

4. 包中元素是构件

包 Call:Serv 里包含 3 个构件，如图 5-9 所示。

5. 包中元素的可见性

类中的属性和方法有可见性，同理，包中的元素也有可见性，包中元素的可见性控制了包外部元素访问包内部元素的权限。

包中元素的可见性有以下 3 种。

1）用 " + " 表示 public，即该元素是共有的。

2）用 "#" 表示 protected，即该元素是保护的。

3）用 " – " 表示 private，即该元素是私有的。

6. 访问权限

假设包 X 中的元素要访问包 Y 中的元素，则，表 5-1 列出了包间关系、被访问元素的可

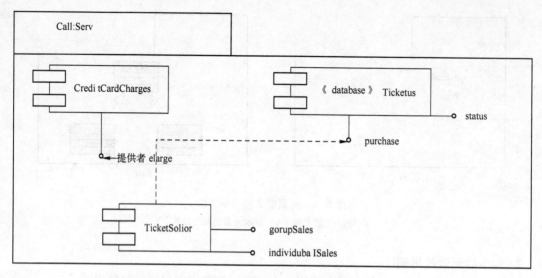

图 5-9　包 Call:Serv 中元素是构件

见性与访问权限的关系。

表 5-1　包 X 访问包 Y 中元素的条件

包 Y (包 Y 中元素的可见性)	包 X (包 X 中元素访问包 Y 中元素的条件)
+	若 X 引用了 Y，则 X 中的任何元素可以访问 Y 中可见性是 + 的元素
#	若 X 继承了 Y，则 X 中的任何元素可以访问 Y 中可见性是#的元素
–	可见性是 – 的元素，只能被同一个包中的其他元素访问

从表 5-1 可以看出，包 X 能否访问包 Y 中的元素取决于两点。

1）包 X 与包 Y 的关系。

2）包 Y 中元素的可见性。

5.2.3　包的构造型表示法

一个包的具体新特征有很多，为了表示包的新特性，UML 提供了 5 种构造型来描述包的新特征。包的构造型有 5 种，这 5 种构造型的语义分别是：

1）《system》符号：表示包代表一个系统。

2）《subsystem》符号：表示包代表某个子系统。

3）《facade》符号：表示包是由其他包构成的一个视图。

4）《stub》符号：表示包是一个代理包，该代理包为其他包提供公共服务。

5）《framework》符号：表示包代表一个框架。

5.3　包图实例

包图就是通过关系将多个包连接在一起构成的图。包间的关系有依赖关系和泛化关系。

1. 包图示例

在企业综合信息管理系统中，可以把系统分为 5 个子系统，它们是：经理查询管理子系统、财务管理子系统、生产调度管理子系统、综合支持管理子系统、进销存管理子系统。可以把每个子系统用一个包来表示，每个包中又包含多个用例。图 5-10 就是一个典型的包图，它表示了综合信息管理系统所包含的子系统组成，以及子系统间的依赖关系。

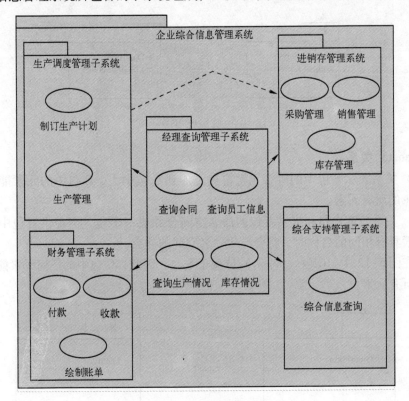

图 5-10　典型的包图

图 5-10 表示，综合信息管理系统由 5 个子包组成，每个子包由多个用例组成。子包间的关系是依赖关系，比如，经理查询管理子系统依赖于其他 4 个子系统。

2. 包图的作用

用面向对象的方法开发软件时，我们把多个类组成一个包，然后把多个包组成子系统（用包图表示子系统），由多个子系统组成一个系统。因此，我们常用包来组织和管理系统；通过包来分配开发任务；通过包图来表示系统的体系结构。

5.4　包间关系

包图中包间的关系有两种，即依赖关系和泛化关系。

5.4.1　依赖关系

包间的依赖关系用一个虚线箭头表示，在依赖关系中，把箭尾端的包称为客户包，把箭头端的包称为提供者包。两个包间的依赖关系又可以细分为 4 种，下面分别说明每种依赖的语义。

1.《use》关系

《use》关系是一种默认的依赖关系，说明客户包中的元素以某种方式使用提供者包中的公共元素（元素的可见性是 +）。在 UML 中，如果没有指明包间的依赖类型，则包间的关系默认为《use》关系。《use》关系并不指明两个包是否合并。

例如，在图 5-11 中，C 包《use》依赖于 S 包，因此，C 包中的任何元素能访问 S 包可见性是 + 的所有元素。

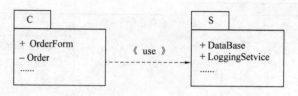

图 5-11　use 依赖

2. 《import》关系

《import》关系表示 S 包中的所有元素将被添加到 C 包中去，C 包中的元素能够访问 S 包中可见性是 + 的所有元素。

《import》关系使客户包和提供者包的命名空间合并成一个包，当提供者包中的元素与客户包中的元素具有相同的名称时，将会导致命名空间的冲突。

例如，在图 5-12 中，C 包《import》依赖于 S 包，因此，C 包中的任何元素能访问 S 包可见性是 + 的所有元素。

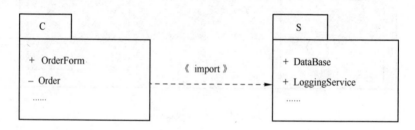

图 5-12　import 依赖

3. 《access》关系

该关系表明，客户包使用提供者包中可见性为 + 的元素，两个包不合并。但是，客户包在使用提供者包中的元素时，提供者包中的元素必须用全名表示。

例如，在图 5-13 中，C 包《access》依赖于 S 包，因此，C 包中的任何元素能访问 S 包可见性是 + 的所有元素。

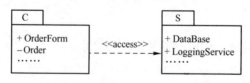

图 5-13　access 依赖

4. 《trace》关系

《trace》关系表示客户包从提供者包进化而来。trace 用来表示模型间的关系，不是用来表示元素间的关系。《trace》关系仅仅用于客户包与提供者包属于两个不同的抽象级别。

例如，在图 5-14 中，C 包《trace》依赖于 S 包，即设计模型依赖于分析模型，所有的设计模型产品都是从分析模型产品进化而来的，两个包属于不同的层次。

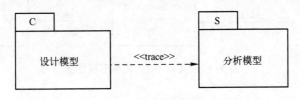

图 5-14 trace 依赖

5.4.2 泛化关系

　　包间的泛化关系类似于类间的泛化关系，子包继承了父包的公共元素和保护元素，并可以增加新的元素。在使用父包的地方，可以用子包代替。图 5-15 中，父包是 GUI，它有两个子包，分别是 G1 和 G2。

　　子包 G1 和 G2 都从父包 GUI 中继承了类 Window 和 EventHandler。包 G1 和 G2 中都具有与父包中同名的类 Form，该类对父包中的类 Form 进行了重写。子包 G1 中添加了新类 Car 和 Item，子包 G2 添加了新类 Bus。

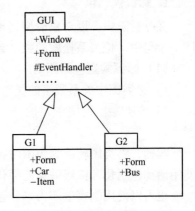

5.5 包的传递性

　　包间的传递性是指：如果包 X 与包 Y 存在关系，包 Y 与包 Z 存在关系，则，包 X 与包 Z 也存在关系。

　　《import》依赖是可传递的，《access》依赖是不可传递的。

图 5-15 包泛化

　　当客户包与提供者包之间是《import》依赖时，提供者包中的公共元素就成为客户包中的公共元素，这些公共元素在包外同样是可以访问的。如图 5-16 所示，Z 包中的公共元素成为 Y 包的公共元素，同时，Y 包中的公共元素成为 X 包中的公共元素，因此，Z 包中的公共元素能被 X 包访问。因此，X，Y，Z 包间的《import》关系存在传递性。

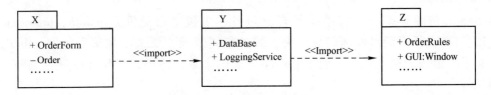

图 5-16 《import》关系可传递

　　当客户包与提供者包之间是《access》依赖时，提供者包中的公共元素就成为客户包中的私有元素，这些私有元素在包外是不可以访问的。如图 5-17 所示，Z 包中的公共元素成为 Y 包的私有元素，而 X 包只能访问 Y 包中的公共元素，因此，X 包不能访问 Z 包中的公共元素。因此，X，Y，Z 包间的《access》关系不存在传递性。

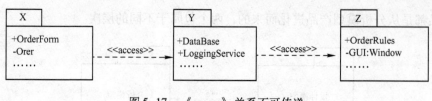

图 5-17 《access》关系不可传递

5.6 创建包图的方法

创建包图分 3 个步骤：第一步是以类图（或者用例图）为依据，寻找候选包，确定包应该包含哪些元素；第二步是对候选包进行调整，消除包间的循环依赖；第三步，确定包内元素的可见性。

1. 标识候选包

在分析阶段，以对象模型（或者用例模型）为依据，把关系紧密的类（或者用例）分到同一个包中，把关系松散的类（或者用例）分到不同的包中。

（1）标识候选包的原则

1）把类图中关系紧密的类放到一个包中。

2）在类层次结构中，把同一层次中的类放在同一包中，不同层次中的类放在不同的包中。

起初，将类图转换为包图时，由于包是简单的，不需要考虑包间的泛化和依赖关系，仅当使用诸如包泛化和依赖关系能简化包模型时，才使用包整理技术。

也可以把用例模型作为划分包的依据，即把同一用例中的类分在同一包中。然而，实现同一用例的对象，可能来自不同的分析包（分析阶段的包称为分析包）。

（2）优化候选包

初步标识候选包后，接着优化候选包。优化原则如下。

1）最大限度减少包之间的依赖。包封装时，避免包之间的循环依赖。

2）最小化每个包的 public、protected 元素的个数，最大化每个包中 private 元素的个数。

2. 调整候选包

由于包间依赖是指一个包中的元素访问另一个包中可见性是 public、protected 的元素，因此，在已经识别出候选包后，为了减少包间依赖，要最小化每个包的 public、protected 元素的个数，最大化每个包中 private 元素的个数，然后，对候选包进行调整，调整方法如下。

1）在包间移动类。

2）添加包、分解包、合并包或删除包。

包调整的目标如下。

1）包内高内聚，包间低耦合，每个包应该包含一组紧密相关的类。

2）包应该保持简单，同时应该避免嵌套包。包的嵌套结构越深，模型变得越难理解。

类之间结合的紧密程度从高到低的顺序是：继承关系的类最紧密，组合次之，然后是聚合，最后是依赖。处在相同继承层次或者组合层次的类应该封装在同一个包中。

一般来说，在封装包时，每个包具有 4 ~ 10 个分析类。但是，如果采用某个法则使得模型更加清晰、简单，就采用这个法则。

3. 消除包的循环依赖

应该尽量避免包模型中的循环依赖。如果包 A 以某种方式依赖包 B，并且包 B 以某种方式依赖包 A，就应该合并这两个包，这是消除循环依赖非常有效的方法。但是经常起作用的、更好的方法是，从 A，B 两个包中提起公共元素，把它们封装为第三个包 C。消除循环包的过程是一个多次迭代的过程。示例如图 5-18 所示。

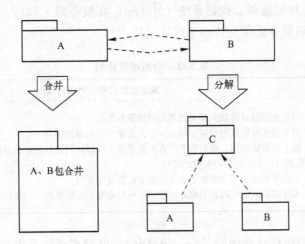

图 5-18　消除循环依赖的两种方法

很多建模工具允许自动验证包间依赖。如果一个包中的元素访问另一个包中的元素，但两个包间却没有依赖关系，那么工具产生访问冲突列表。

在分析中，常常使用类间的双向关系标识类关系，所以，起初的包图常常有访问冲突。假定有一个非常简单的模型，包 A 中存在一个类，包 B 中存在另一个类。如果包 A 的类与包 B 的类具有双向关系，那么包 A 依赖于包 B，同样包 B 也依赖于包 A，这样，两个包间具有循环依赖。消除这种冲突的唯一方法是，把类间的依赖改为单向，或者把两个类放入相同包中，精化 A 和 B 之间的关系。另一方面，把相互依赖的类封装在相同的包中。

5.7　包图应用

包图主要有两种用途：一是对成组元素建模，把紧密相关的类封装到同一个包中，以便使用、管理和维护；二是对体系结构建模，用包图来表示软件的宏观结构。

5.7.1　对成组元素建模

对成组元素进行建模可以说是包图最常见的用途，它把相关的元素分组，然后把每一组封装为一个包。在对成组元素建模时应遵循以下几个策略。

1）每个包都应该是由在概念上、语义上相互接近的元素组成。

2）标出每个包中可见性是公共的元素，并且，每个包中的公共元素应尽可能地少。

3）在构建包图时，一般使用默认的《use》构造型来标识包间关系。在用编程语言实现包中的类时，用关键字《import》代替 UML 中的《use》构造型。

4）采用泛化标识通用包与特殊包间的关系。

构建包图时，主要是标明包中核心元素之间的关系，并标明每个包的详细说明。

本节以旅行服务规划系统（MyTrip）为例，介绍成组建模过程。旅行服务规划系统（MyTrip）包括两个用例：表 5-2 所示的规划旅程用例（PlanTrip）和表 5-3 所示的执行行程用例（ExrecuteTrip）。

司机采用规划系统可以通过家里的计算机连接到网络上的规划系统（MyTrip），通过规划旅程用例（PlanTrip）规划旅程。规划系统（MyTrip）在服务器上执行，规划结果被保存用于以后的检索服务，规划服务必须支持多个司机（用户）。

表 5-2　规划旅程用例

用例名称	规划旅程用例（PlanTrip）
事件流	1. 司机激活其计算机并登录到规划网络服务系统 2. 司机输入对旅程的约束，即，一个含有多个目的地的序列 3. 基于地图数据库，规划服务计算出按照规定顺序访问的目的地的最短路径。计算结果是一个带有一系列路口和方向的行程段的序列 4. 司机能够通过添加或者删除目的地来重新设计旅程 5. 司机以名称形式在规划服务的数据库中存储规划好的旅程，以便日后检索

司机驾驶轿车开始执行行程用例（ExrecuteTrip）。此时车载计算机将给出具体方向，这是基于规划服务系统中计算出的旅程信息和车载的全球定位系统的当前位置提示。

表 5-3　执行行程用例

用例名称	执行行程用例（ExrecuteTrip）
事件流	1. 司机启动汽车，登录到车载的路线助手系统 2. 成功登录后，司机规定规划服务系统和将要执行的行程的名称 3. 车载的路线助手系统从规划系统获得目的地、方向、行程段和路口的信息列表 4. 给定当前位置，路线助手系统为司机提供下一个方向集合 5. 司机到达目的地，关闭路线助手系统

对 MyTrip 系统进行迭代分析，所获得的对象模型如图 5-19 所示。

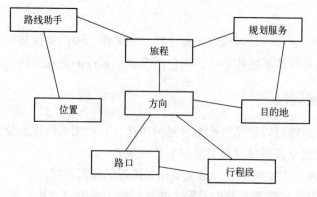

图 5-19　MyTrip 系统的对象模型

初始系统分解应该从对象模型中导出，即把对象模型中紧密相关的类封装在同一个子系统中。

在图5-19中，我们主要标识了两组对象：一组对象分配在规划行程子系统中（PlanTrip），另一组对象分配在执行行程子系统中（ExecuteTrip）。行程类（Trip）、方向类（Direction）、交叉口类（Crossing）、一段路程类（Segment）和目的地类（Destination）在所有的用例中共享。我们决定将这些类分配给规划行程子系统中，其余的类则被分配到执行行程子系统中（如图5-20所示）。

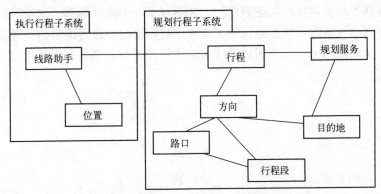

图5-20　MyTrip系统分为2个包

从图5-20可以看出，两个子系统之间的关联只有一个。子系统划分规则是：把关系紧密的对象分配到同一个子系统中，把被多个用例共享的对象集中到一个子系统中。这样，多个用例就可以共享一组对象。

5.7.2　对体系结构建模

体系结构是一个软件系统的核心组成和宏观结构，常用的体系结构模式包括分层、MVC（Model View Controller，模型 – 视图 – 控制器）、管道、黑板、微内核等；而在应用软件中，分层和MVC是最常见的两种结构。

在分层的体系结构中，常常把一个软件系统划分为表示层（Present）、逻辑层和数据层。如果采用分层体系结构，就把每一层用一个包来表示。

图5-21所示，是一个典型的三层结构的软件系统，该系统有三层，每一层由多个对象组成。

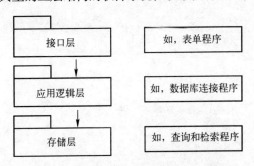

图5-21　用包表示的三层体系结构风格

1）接口层：包括所有的与用户打交道的边界对象，像窗体、表单、网页等都被包含在该层。如在客户端运行的窗口程序和对象都属于该层。

2）应用逻辑层：包括所有的逻辑计算和处理。实现处理、规则检查和计算的对象都封装在该层。如 Web 服务器上运行的应用程序、对象就属于该层。

3）存储层：实现对持续性对象的存储、检索和查询。如，在数据库服务器上运行的查询、检索程序和对象就属于该层。

5.8　小结

本章首先解释了几种常见的包图表示法，并通过了一个简单的例子来说明包的可见性、依赖关系、泛化等概念。其次，概要地说明了 5 种包的构造型。最后说明如何寻找包、确定包之间的依赖关系，从而绘制出一个表明软件体系结构的包图，并简要介绍了用包图表示系统体系结构的建模方法。

5.9　习题

1. 填空题

（1）组成包图的元素有_____、_____和_____。

（2）包的可见性关键字包括_____、_____和_____。

（3）传递依赖是，_____非传递依赖是_____。

2. 问答题

（1）什么是包图？

（2）包在应用当中的主要作用是什么？

（3）包之间的依赖关系主要包括哪几种，请分别举例说明。

（4）包之间的各种依赖关系中，客户包将把提供者包并入自己的命名空间，并成为客户包中的私有元素的是哪种关系？

（5）简述体系结构建模和对成组元素建模的区别，举例说明用包图对体系结构进行建模。

第 6 章　顺序图和协作图

在系统分析和设计时，常用交互图描述系统的动态行为。交互图包含 4 种类型，它们是顺序图、协作图、定时图和交互概观图，本章着重介绍顺序图和协作图。

6.1　顺序图

顺序图也称为时序图，它描述了系统中对象间通过消息进行的交互，强调了消息在时间轴上的先后顺序。

6.1.1　顺序图的组成

1. 顺序图

顺序图由对象、控制焦点、对象生命线和消息组成。一个顺序图显示了一系列的对象和在这些对象之间发送和接收消息的先后顺序。

2. 顺序图的作用

顺序图常用来描述用例的实现，即用顺序图描述用例的一个实例（场景），它表明了由哪些对象通过消息相互协作来实现用例的功能。

3. 顺序图的组成元素

顺序图中的元素包括对象、生命线、控制焦点和消息。消息表示了对象间的通信，生命线表示了对象的生存时间段，控制焦点表示对象正在执行一些活动。

6.1.2　顺序图的表示

在 UML 中，顺序图主要包括：对象、对象的生命线、对象的控制焦点（对象获得控制权）以及对象间交互的消息，如图 6-1 所示。

顺序图采用二维的布局结构，从左到右把对象排列在顺序图的顶部。一般来说，首先排列参与者，其次是边界对象，然后是实体对象。对象用矩形框表示，虚线是生命线，生命线上的矩形是对象的控制焦点，从对象往下延伸的生命线表示了时间轴的正方向。

如图 6-1 所示，参与者是车主，边界对象是车钥匙，实体对象是汽车，这 3 个对象在平面图的顶部从左向右依次排列。

1. 对象

顺序图中对象的符号与对象图中对象的符号一样。将对象置于顺序图的顶部意味着在交互开始时对象就已经存在了，如果对象的位置不在顶部，那么表示对象是在交互的过程中被创建的。

2. 生命线

生命线是一条从对象底部出发的垂直虚线，这条虚线表示对象在顺序图中存在的时间段。每个对象底部中心的位置都带有生命线。生命线的长短表示对象的生存时间段。

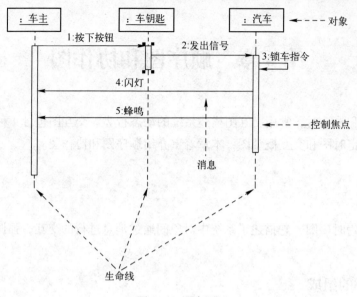

图 6-1　顺序图

3. 控制焦点

在对象的生命线上，包含一个或者多个矩形，矩形表示对象处于激活状态。处于激活状态的对象正在执行某个任务，这时，对象获得了 CPU 控制权。对象在完成自己的工作释放 CPU 控制权后，对象就处于空闲状态。对象释放控制权称为去激活。

4. 消息

消息用来描述对象之间所进行的通信，它包括消息名、参数表。在 UML 中，消息分 7 种。下面分别介绍。

（1）同步消息

发送消息的对象要等到接收消息的对象执行完所有的操作后，发送消息的对象才能继续执行自己的操作。发送消息用实心箭头表示，箭头从发送消息的对象指向接收消息的对象，如图 6-2 就是一个同步消息。

其中，Message 是消息名，param 是参数。

（2）异步消息

发送消息的对象发送消息后，不用等待接收对象是否执行，继续执行自己的操作。发送消息用开放箭头的实线表示，箭头从发送消息的对象指向接收消息的对象，如图 6-3 就是一个异步消息。

图 6-2　同步消息的表示　　　　图 6-3　异步消息的表示

（3）返回消息

接收消息的对象给发送消息的对象返回一条信息，将控制权返回给发送消息的对象。返回消息由开放箭头的虚线表示，如图 6-4 所示就是一个返回消息。

（4）创建对象的消息

发送消息的对象通知接收消息者创建一个对象。创建对象的消息用开放箭头的实线表示，如图 6-5 所示。

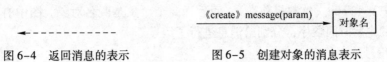

图 6-4　返回消息的表示　　　　图 6-5　创建对象的消息表示

其中，《create》是构造符号，表示创建一个对象。

（5）销毁对象的消息

发送消息的对象通知接收消息者销毁一个对象。销毁对象的消息表示，如图 6-6 所示。

其中，《destroy》是构造符号，表示销毁一个对象。

（6）发现消息

发现一个消息来自交互范围之外，不知道发送消息的对象是谁。发现消息的表示如图 6-7 所示。

图 6-6　销毁对象的消息表示　　　　图 6-7　来自不明对象的消息表示

（7）丢失消息

消息永远不能到达目的地。用此表示消息丢失。丢失消息的表示，如图 6-8 所示。

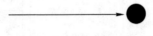

图 6-8　丢失消息的表示

5. 消息编号

按消息产生的先后顺序给消息编号。有两种消息编号方案：一种是顺序编号，另一种是嵌套编号。

（1）顺序编号

使整个消息的传递过程形成了一个完整的序列，因此通过在每个消息名的前面加上一个用冒号隔开的顺序号（按照消息的先后顺序，从 1 开始对消息编号）来表示消息的时间顺序。

下面是一个顺序图，该图演示了"饮料已售完"的场景，如图 6-9 所示。

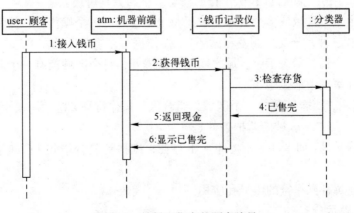

图 6-9　饮料已售完的顺序编号

在图 6-9 中，最顶上的一排矩形框是 4 个对象。前两个对象是有名称的对象，对象名称分别是 user（客户）和 atm（饮料机前端），而后面 2 个对象是匿名对象。图中有 6 条消息，按照消息的发生的先后时间顺序，分别给消息进行了编号。

（2）嵌套编号

依据 UML 嵌套编号方案，将图 6-9 的顺序编号方案改为嵌套编号时，则其顺序图如图 6-10 所示。

在 Rose 等建模工具中，为了能够自动实现顺序图与协作图的转换，在顺序图中也默认采取嵌套编号方案。

在图 6-10 中，把属于同一个对象发送和接收的消息放在同一层进行编号，如对象 user 的发送消息放在第一层编号，编号用 1 位数字表示，编号是 1；把对象 atm 发送和接收的消息放在第二层编号，编号用 2 位数字表示，给它们分配的编号是 1.1、1.2、1.3；匿名对象"钱币记录仪"的发送和接收消息放在第三层编号，编号用 3 位数字数字表示，给它们分配的编号是 1.1.1、1.1.2。

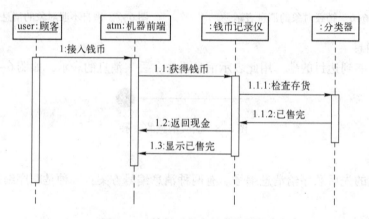

图 6-10 饮料已售完的嵌套编号

6.1.3 组合区与操作符

顺序图中，对象交互形成的控制流程有三种，它们是：分支、并发和循环。为了表示这三种执行方式，UML 中引入组合区和操作符的概念，下面分别讲述。

一个组合区由一个区域或多个区域组成，每个组合区有一个操作符。**操作符**表示对象执行方式（执行方式有三种：分支、并发和循环），操作符写在组合区的左上角。

一个区域用一个长方形表示，区域之间用虚线隔开，每个区域拥有一个监护条件和一个复合语句。**监护条件**写在中括弧中。

如图 6-11 所示，组合区包含 2 个区域，组合区的操作符是 alt。第一个区域的监护条件是 [if file Not Exist]，第二个区域的监护条件是 [else]。

整个组合区语义是：如果 file（文件）不存在，则执行复合语句 1；如果 file 存在，则执行复合语句 2。

下面分别讲述每种操作符的语义和应用。

1. alt 和 opt 表示分支

可以表示分支的操作符有两个：alt 用来表示多选一；opt 用来表示单选一。

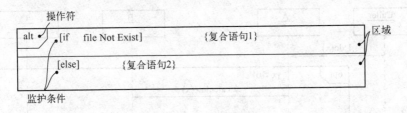

图 6-11　alt 使用实例

（1）alt 表示多选一

在图 6-12 所示，组合区的操作符是 alt，它包含 2 个区域。上面的区域的监护条件是：[x < 10]，执行语句是 calculate(x)；下面的区域的监护条件是 [else]，执行语句是 calculate(x)。

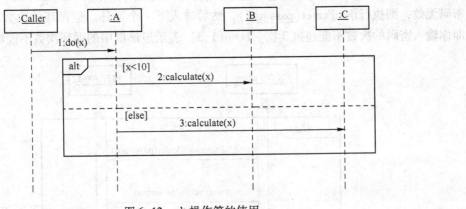

图 6-12　alt 操作符的使用

该组合区表示的逻辑是：如果 x < 10，就要求 B 类对象执行 calculate(x)操作；否则就要求 C 类对象执行 calculate(x)操作。

如图 6-12 所示的对象的交互行为解释如下。

Caller 类对象给 A 类对象发送消息 do(x)，要求 A 类对象执行 do(x)操作；A 类对象接收到消息 do(x)后，进入组合区，执行组合区操作：在组合区中，如果 x < 10，就请求 B 类对象执行 calculate(x)操作；否则请求 C 类对象执行 calculate(x)操作。

图 6-12 中组合区表示的逻辑如下。

> if (x < 10) B 类对象执行 calculate(x)
> else　　　　C 类对象执行 calculate(x)

（2）opt 表示单选一

在 6-13 所示的顺序图中，包含一个组合区，该组合区只有一个区域，其操作符是 opt。该组合区表示的逻辑是："如果 x < 10，就要求 B 类对象执行 calculate(x)操作。

图 6-13 中的组合区表示的逻辑如下。

> if (x < 10) B 类对象执行 calculate(x)

2. Loop 表示循环

操作符 Loop 用来表示操作的循环执行。表示循环的语句格式如下。

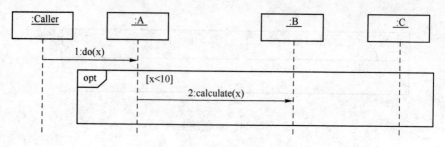

图 6-13　opt 操作符的使用

- Loop(1,n)：表示的语义相当于程序语言的 for 语句：for (i = 1 ; i < n ; i ++)。
- Loop(n)：表示执行 n 次。

如图 6-14 所示，当执行流进入组合区后，对监护条件［invalid password］进行测试，若密码无效，则执行语句 enter(password)，然后进入下一个循环。但循环的次数不能超过 3 次，即你输入密码的次数不能超过 3 次。Loop(1,3) 表示矩形框中的循环次数不能超过 3 次。

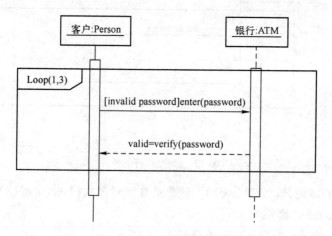

图 6-14　Loop 操作符的使用

图 6-14 中的 Loop(1,3)的逻辑相当于以下语句。

```
for( i = 1 ; i < = 3 ; i ++ )
{
    If（invalid password）enter（password）；
    ATM 机对密码进行验证,并将验证结果返回给客户；
}
```

3. par 表示并发控制

par 操作符用来表示并行操作。即，par 组合区中的多个区域中的操作是并行执行的。

图 6-15 表示某个客户的取款操作。该顺序图包括 2 个组合区，第一个组合区的操作符是 Loop(1,3)，该组合区验证用户密码的有效性，当密码有效时，执行流程进入 opt 组合区执行。opt 组合区表示的逻辑是：当密码有效时执行 par 组合区，par 组合区包含 2 个区域，这 2 个区域中的操作并发执行。当执行完 par 组合区后，ATM 机输出货币。

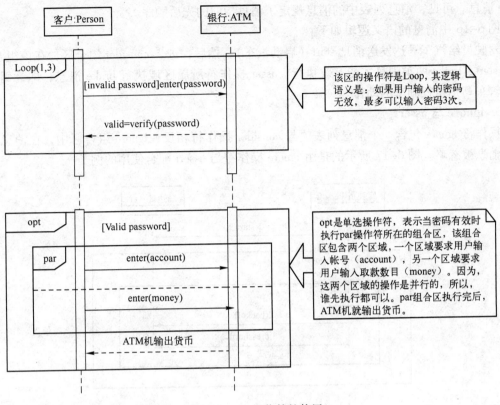

图 6-15　par 操作符的使用

4. consider 与 assert

操作符 consider 包含一个消息列表，在 consider 组合区中，只有消息列表中的消息才能执行。如图 6-16 所示由 consider 操作符与 assert 配合使用的例子。assert 组合区中的操作是对消息的确认或者否定，如果消息被确认，就执行操作，否则，拒绝执行。

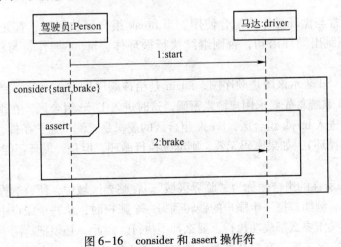

图 6-16　consider 和 assert 操作符

图 6-16 所示，consider 组合区中嵌入了 assert 组合区。在 consider 组合区中的消息列表是（start,brake），它表示在该组合区范围内，只有 start 和 brake 消息才能执行。由于消息列表中（start,brake）的 brake（刹车）消息在 start 消息之后，因此，只有执行完 start 消息后才能执行

brake 消息。可见，消息列表中的消息规定了消息指向的先后顺序。

图 6-16 中消息的语义逻辑如下。

驾驶员给汽车马达发送消息 start（启动汽车），然后，进入 consider 组合区，在该组合区，只有 start，brake 两类消息才能有效执行。asser 操作符所属区域执行 brake 消息，即，驾驶员要求汽车马达执行刹车的动作。

5. ignore 与 assert

操作符 ignore 包含一个消息列表。与 consider 操作符相反，ignore 组合区中，在消息列表中的消息被忽略。图 6-17 所示的是由 ignore 操作符与 assert 配合使用的例子。

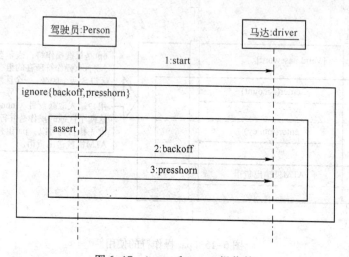

图 6-17　ignore 和 assert 操作符

图 6-17 所表示的逻辑是，在 ignore 组合区中，backoff（后退）和 presshorn（按喇叭）消息被忽略，即当驾驶员启动汽车后，驾驶员发送后退或者按喇叭时汽车不会接收这些消息，所以，汽车既不会后退，也不会发出喇叭声。

6. break

操作符 break 常与循环操作符配合使用。当 break 组合区执行时，首先测试监护条件，若监护条件为真，则跳出循环语句，否则继续执行循环体。break 操作符与程序语言中的 break 语句作用相同。

在图 6-18 中，Sd 表示该图是顺序图，Login 是给该顺序图取的名字。当系统要求用户登录 ATM 系统时，ATM 系统首先要求用户输入密码，这时进入 Loop 组合区，在组合区中，用户输入密码，然后，流程进入 break 组合区，break 组合区的逻辑是：测试监护条件，若密码有效，则执行 exit 语句（跳出循环），如果密码无效，则继续执行循环，但是，循环不能超过三次。

7. critical

操作符 critical 所在的组合区称为"临界区域"。在临界区域中，所有的操作要么全部成功执行，要么都不执行。例如，把一个账户的钱转到另一个账户时，从一个账户中扣钱的操作与向另一个账户中加钱的操作要么都成功执行，要么都不执行。因此，必须把这两个操作置入临界区。

图 6-19 表示的含义是，客户从账号 a 中扣除钱 Sub（money）的操作和往账户 b 中增加钱 Add（money）的操作要么全部成功完成，要么都不执行。

8. ref

操作符 ref 表示引用其他的图。在矩形框中写明被引用的图名称 Login。

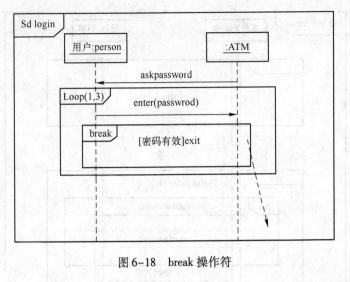

图 6-18　break 操作符

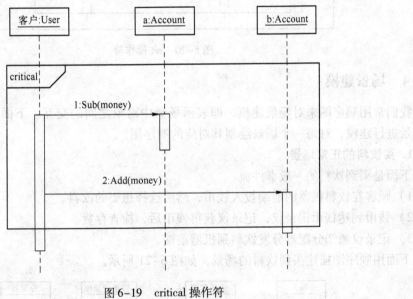

图 6-19　critical 操作符

图 6-20 所示是一个取款顺序图，在取款前，客户首先要登录 ATM 机，可以用 ref 操作符来引用图 6-18（该图名称是 login）。

在 UML 中，各种图类型的表示法如表 6-1 所示。

表 6-1　图类型及其对应的表示法

图　类　型	对应的表示法	图　类　型	对应的表示法
类图	class	对象图	object
包图	package	用例图	use case
顺序图	sd	协作图	comm
定时图	timing	活动图	activity
交互概观图	intover	状态机图	statemachine
构件图	component	部署图	deployment

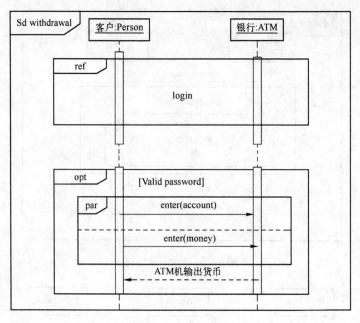

图 6-20　ref 操作符

6.1.4　场景建模

我们常用顺序图来对场景建模，即表示场景中对象之间的交互。下面对"买饮料"的几种场景进行建模，对每一个场景绘制其对应的顺序图。

1. 买饮料的正常场景

下面是买到饮料的一般事件流。

1）顾客在饮料机器的前端投入钱币，然后选择想要的饮料。

2）钱币到达钱币记录仪，记录仪获得钱币后，检查存货。

3）记录仪通知分配器分发饮料到机器前端。

下面用顺序图描述买到饮料的场景，如图 6-21 所示。

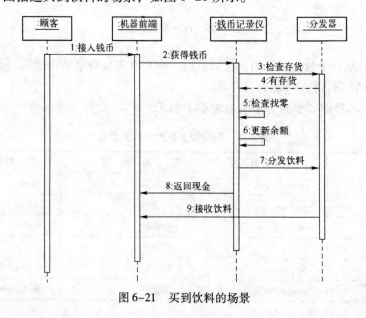

图 6-21　买到饮料的场景

2. 饮料"已售完"的场景

下面是饮料已售完的场景对应的顺序图，如图6-22所示。

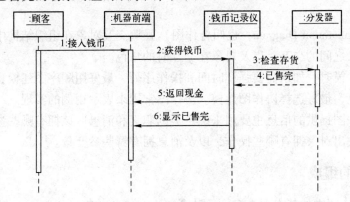

图 6-22　饮料已售完的场景

3. 售货机没有合适的零钱

顾客买饮料时，有时售货机中可能没有合适的零钱，即"找不开"的场景，其对应的顺序图如图6-23所示。

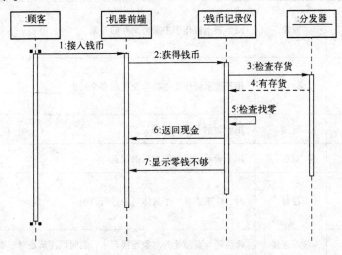

图 6-23　零钱"找不开"的场景

4. 带有临时对象的顺序图

如图6-24所示，该顺序图表示了发送消息2后，创建一个临时对象C，其生命线尾部的叉号表示销毁对象C。

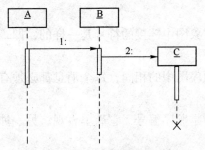

图 6-24　带有临时对象的顺序图

6.2 协作图

协作图（Collaboration Diagram，也叫合作图）强调交互对象在组织结构中的角色。协作图显示了一系列对象之间的交互，以及对象在交互时的角色。

在进行系统建模时，如果需要强调时间和操作序列，最好用顺序图建模；如果需要强调组织机构和交互角色，最好选择协作图建模。协作图常用来表示用例的实现。

协作图和顺序图提供的信息主要用来确定类的职责和消息应该拥有哪些参变量。通过顺序图和协作图可以找出对象拥有哪些操作，以及消息拥有哪些参变量。

6.2.1 协作图的组成

在 UML 中协作图中的基本元素有：活动者（Actor）、对象（Object）、链接（Link）和消息（Message），具体参见表6-2。

表6-2　UML 协作图包含的基本图符

可视化图符	名　称	描　述
对象	对象	用于表示协作图中参与交互的对象
对象	多对象	用于表示协作图中参与交互的多个对象
——————	链接	用于表示对象之间的关系
——————▶	消息	用于表示对象之间发送的消息
注释	注释	对协作图或某一个具体对象进行说明
- - - - - - - - - -	注释连接	将注释与要描述的对象连接起来，表明该注解是对于哪个对象的说明

1. 对象

协作图与顺序图中的对象的概念是一样的，只不过在协作图中，无法表示对象的创建和撤销，同时，对象在协作图中的位置没有限制。

2. 链接

协作图中链接的符号和对象图中链接的符号是一样的，即，链接用一条实线表示。

3. 消息

协作图中的消息类型与顺序图中的相同，每个消息都必须有唯一的顺序号。

4. 消息编号

消息的编号有两种，一种是顺序编号，它简单直观；另一种是嵌套编号，它更易于表示消息的层次关系。

图6-25 所示是系统管理员添加书籍的协作图。

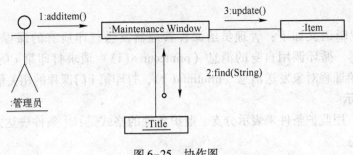

图 6-25　协作图

第一个消息（additem（））表示管理员要求维护窗口添加书籍；第二个消息（find（String））表示维护窗口要求，":Title"对象根据书名获得书的目录编号；第三个消息（update（））根据书籍的目录编号修改书目下面书的数量。

6.2.2　循环和分支控制

1. 循环表示

在协作图中，用一个迭代符"＊"和迭代子句（可选）来表示循环。可以使用任何有意义的句子来表示迭代子句。常用的迭代表子句如表6-3所示。

表 6-3　常用迭代表达式

迭代子句	语　义
［i：=1…n］	迭代 n 次
［I=1…10］	I 迭代 10 次
［while（表达式）］	表达式为 true 时才进行迭代
［until（表达式）］	迭代到表达式为 true 时，才停止迭代
［for each（对象集合）］	在对象集合上迭代

图 6-26 所示，是管理员通过课程管理器打印所有的课程信息的协作图。

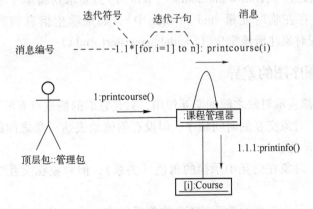

图 6-26　打印课程信息协作图

上图的迭代子句是：［for i = 1 to n］，也可以写成：［loop min max（condition）］格式。"＊"符号表示顺序迭代，即每次迭代之间是顺序进行的。若迭代之间是并发关系，则采用迭

67

代符号"*//"。

图6-26的逻辑语义如下：管理员给课程管理器发送打印所有的课程信息（printcourse（））。课程管理器，循环调用自身的消息（printcourse（i））请求打印第 i 门课程的信息，这时，课程管理器给课程对象发送消息（printinfo（）），打印第 i 门课程的相关信息。

2. 分支的表示

在协作图中，用监护条件来表示分支。监护条件的格式是：［条件表达式］。当监护条件为真时才执行消息。

图6-27展示了一个课程注册系统的协作图。为学生注册课程包括三个步骤。

第一步：在系统中找出某个学生的信息；

第二步：在系统中找出正确的课程；

第三步：在学生和课程都存在的情况下，为该学生注册。

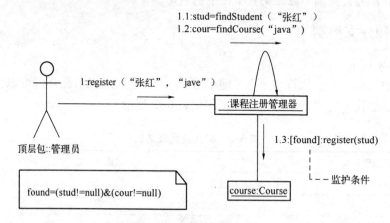

图6-27　课程注册协作图

图6-27的逻辑语义如下。

当学生张红向管理员提出学习 java 课程时，管理员请求课程注册管理器注册，即管理员向课程注册管理器发送消息（register（"张红"，"java"））；注册管理器向自身发送 2 条消息（stud = findStudent（"张红"）；cour = findCourse（"java"）），要求获得学生信息和课程信息（学生和课程信息分别保存在临时变量 stud 和 cour 中），如果学生信息和课程信息都为真，即found 为真时，向课程对象注册该学生（［found］：register（stud））。

6.2.3　协作图与顺序图的差异

顺序图与协作图都表示对象之间的交互作用，只是它们的侧重点有所不同。

1）顺序图描述了对象交互的时间顺序，但没有明确地表达对象之间的关系，也没有表明对象在交互中承担的角色。

2）协作图描述了对象在交互中承担的角色（关系），但对象在交互中的时间顺序必须从消息的顺序号获得。

3）顺序图可以表示出对象的激活状态和去激活状态，也可以表示出对象的创建和销毁的相对时间，协作图则没有这些功能。

两种图的语义是等价的，可以采用 Rational Rose 工具把一种形式的图转换成另一种形式的图，而不丢失任何信息。

6.3 小结

本章首先介绍了 UML 中的 4 种交互图中的两种：顺序图和协作图；接着介绍了对象、生命线与控制焦点、消息、顺序编号、循环与分支、操作符等基本概念。

6.4 习题

1. 选择题

(1) 顺序图的构成对象有_____。

  (A) 对象   (B) 生命线

  (C) 激活   (D) 消息

(2) UML 中有四种交互图，其中强调控制流时间顺序的是_____。

  (A) 顺序图   (B) 通讯图

  (C) 定时图   (D) 交互概述图

(3) 在顺序图中，消息编号有_____。

  (A) 无层次编号   (B) 多层次编号

  (C) 嵌套编号   (D) 顺序编号

(4) 在顺序图中，返回消息的符号是_____。

  (A) 直线箭头   (B) 虚线箭头

  (C) 直线   (D) 虚线

2. 问答题

(1) 举例说明顺序图与协作图的区别，以及它们强调的重点。

(2) 举例说明顺序图中和在协作图中，循环和分支的表示方法。

第7章 活 动 图

活动图是一种表述业务过程以及工作流的技术，它可以用来对业务过程、工作流建模，也可以对用例实现，甚至是对程序实现进行建模。活动图与流程图最主要的区别在于，活动图能够标识活动的并发行为，而流程图不能；顺序图和协作图的结点是对象，描述了对象之间通过消息进行的协作；而活动图的结点是活动，强调了系统中多个活动形成的控制流。

7.1 活动图的基本概念

活动图是描述系统的一系列活动构成的控制流，它描述了系统从一种活动转换到另一种活动的整个过程。某公司的销售过程用一张活动图表示如图7-1所示。

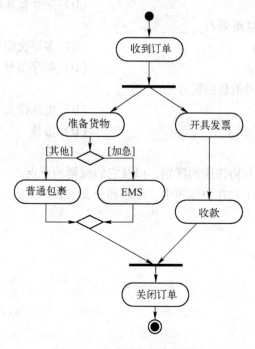

图7-1 活动图表示销售流程

1. 活动图的作用

活动图常用来描述业务或软件系统的活动轨迹，它说明了系统的活动控制流程。在现实中也常用活动图对业务过程、工作流和场景建模。

2. 活动图的组成元素

活动图的元素包括初始结点、终点、活动结点、转换、判决结点、监护条件、分岔与汇合。其中，分支由转换和判决结点组成；并发控制通过分岔与汇合表示。

7.2 活动图的表示

下面分别描述活动图中元素的语义和表示法。

1. 初始结点和终点

初始结点表示活动的起点；终点表示活动的终结点。用一个实心圆表示初始结点，用一个圆圈内加一个实心圆来表示活动终点，如图 7-2 所示。在活动图中，可能包含多个活动终点。

2. 活动结点

活动结点是活动图中最主要的元素之一，它用来表示一个活动。一个活动是由多个动作组成的集合。活动结点用一个圆角矩形表示。每个活动结点有一个名字，名字写在圆角矩形内部。

活动结点的名字有两种表示格式：一种格式的名字用文字描述，另一种格式的名字用表达式描述。如图 7-3a、图 7-3b 所示。

初始结点   终点   文字描述   表达式
                                   a)   b)

图 7-2   初始结点和终点的表示方法   图 7-3   活动结点名字表示
                                          a) 用文字描述活动   b) 用表达式描述活动

用活动图来表示 for(i = 0; i < 8; i + +)循环输出 0 ~ 7 八个数字，如图 7-4 所示。

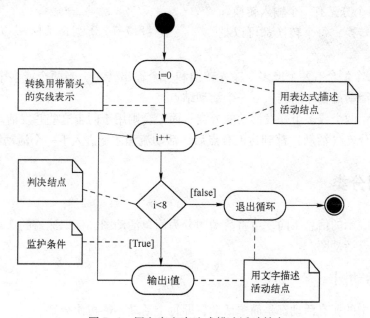

图 7-4   用文字和表达式描述活动结点

3. 转换

当一个活动结点执行结束时，活动控制流就会立刻传递给下一个活动结点。UML 中，把连接两个活动结点的连线称为"转换"。转换用一条带箭头的直线来表示，如图 7-5 所示。

4. 判决结点和监护条件

在实际应用中，有 3 种活动控制流，它们是顺序结构、分支结构和循环结构。当从一个活动结点到另一个活动结点的转换需要条件时，常用判决结点和监护条件来表示活动的分支结构。

判决结点用菱形表示，它有一个输入转换（箭头从外指向判决结点），两个或多个输出转换（箭头从判决结点指向外）。并且每个输出转换上都会有一个监护条件（监护条件写在中括号中），用来表示满足某种条件时才执行该转换，如图7-6所示。

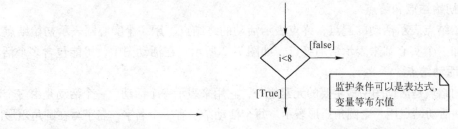

图7-5　转换的表示方法　　　　　图7-6　判决结点和监护条件

在活动图中没有直接提供表示循环的建模元素，但可以利用判决结点和监护条件两个元素来表示"循环"控制流，如图7-4所示。

5. 分岔与汇合

用判决结点和监护条件来表示有条件的转换；用分岔和汇合来表示并发活动。分岔线和汇合线都使用加粗的水平线或垂直线段表示，如图7-7所示。

1）分岔：每个分叉有一个输入转换和两个或多个输出转换，每个转换都可以是独立的控制流。

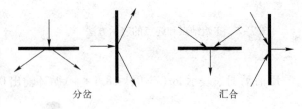

图7-7　分岔与汇合的表示方法

2）汇合：每个汇合有两个或多个输入转换和一个输出转换。当两个或多个并发控制流都达到汇合点后，活动流程才能进入下一个活动结点。

分岔用来表示两个或多个并发活动的分支；而汇合则用于同步这些并发活动的分支，当且仅当所有的并发分支（活动）都到达汇合点后，活动流程才能进入下一个活动结点。

7.3　活动图分类

按照活动图表示的信息不同，可将活动图分为简单活动图、标识泳道的活动图、标识对象流的活动图和复合活动图。

7.3.1　简单活动图

简单活动图中的所有活动都是简单活动，即每个活动不能再次分解。

1. 销售业务活动描述

某公司销售人员收到订单后，一方面通知仓库管理员准备货物，另一方面通知财务人员开具发票和收款。仓库管理员准备货物时，如果是加急货物，就通过 EMS 运送，否则通过普通包裹运送。当货物、发票和收款都完成后，关闭订单。

2. 用活动图表示销售过程

如图7-8所示，描述了销售流程的简单活动图，该图既没有标识活动的执行者，也没有标识在活动执行过程中创建了哪些对象。其中，每个活动都是简单的活动。

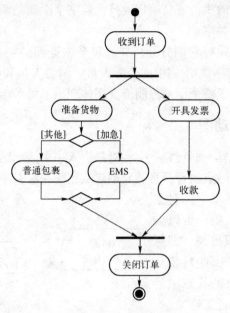

图7-8 销售业务活动图

7.3.2 标识泳道的活动图

为了在活动图中标识出活动的执行者，可以通过泳道（Swim Lane）来实现。例如，在图7-9所示的活动图中，活动的执行者包括仓库人员、销售人员和财务人员，因此可以将其分成

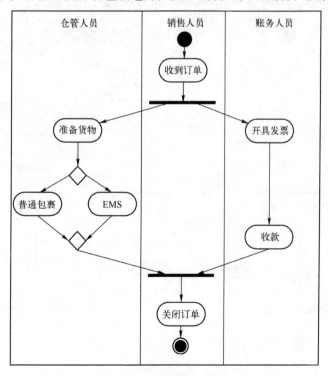

图7-9 标识泳道的活动图

3个"泳道"。左边泳道中所有活动的执行者是仓库人员,右边泳道中所有活动的执行者是财务人员,中间泳道所有活动的执行者是销售人员。若某个活动是两个泳道共同完成的,就把该活动结点置于两个泳道之间共享。

每个泳道用一条垂直的线将它们分开,并且每个泳道都必须有一个唯一的名称(泳道的名称用泳道执行者来命名),例如本例中的仓库人员、销售人员和财务人员是各自泳道活动的执行者。通过泳道不仅体现了整个活动控制流,还体现出了每个活动的执行者。

7.3.3 标识对象流的活动图

在活动图中可能存在这样一些现象:一些对象进入一个活动结点,经过活动结点处理后修改了对象的状态;某个活动结点执行后可能要创建或删除一些对象;另一些活动结点执行时需要用到一些对象。在这些活动中,对象与活动结点是紧密相关的,用户可以在活动图中把相关的对象标识出来,即标识哪些对象进入活动结点,哪些对象从活动结点中输出,哪些对象的状态被活动结点修改,这对编程具有现实意义。

在 UML 中,用户可以在活动图中标出一个对象的状态和属性值的变化。在活动图中,表示对象的方法如图 7-10所示。

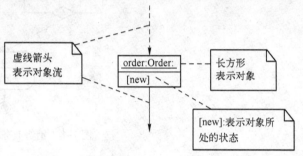

图 7-10　活动图中的对象表示方法

图 7-11 所示表示了"订单处理"活动的一个片段。

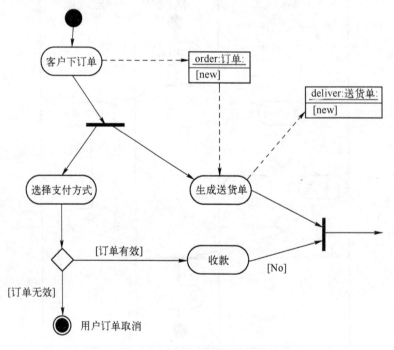

图 7-11　标识对象流的活动图

74

1）当执行"客户下订单"时，将创建一个订单对象（order），order 用来存放订单的信息。

2）当执行"生成送货单"时，该活动要用到订单对象（order），将根据 order 来创建多个送货单（deliver）。

7.3.4 标识参数的活动图

正如一个方法执行时需要输入多个参变量一样，一个活动结点执行前，也需要输入多个参数（即，输入对象），活动结点执行后需要输出参数（即，输出对象）。如果打算标明每个活动结点执行前需要输入哪些参数，活动结点执行后需要输出哪些参数，则可以在活动图中标明参数，使活动图表示更多的信息。

我们用一个小矩形框表示参数（参数是一个对象结点）。参数有两种，分别是输入参数和输出参数。参数都标识在活动结点的边界上，输入参数标识在活动结点的左边界上，输出参数标识在活动结点的右边界上，如图 7-12 所示。

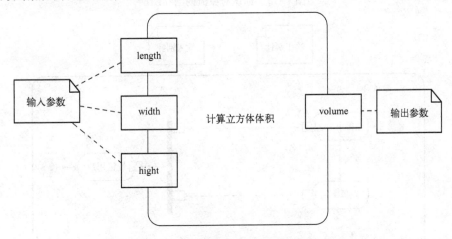

图 7-12　标识活动结点的输入参数和输出参数

图 7-12 表示活动结点"计算立方体体积"。在活动执行前，先要输入 3 个输入参数：长（length）、宽（width）和高（hight）。该活动执行后，产生输出参数，即立方体体积（volume）。

7.3.5 标识别针的活动图

如果活动图中的对象流很多，活动图看起来很混乱，可以用别针代替对象，用别针表示的活动图显得清晰。

如图 7-13 所示的是一个登录活动图，它标识了对象流。这个活动图标识了两个对象，当执行"获得用户名"时，产生对象"用户名"；当执行"获得密码"时，产生对象"密码"。当这 2 个对象输入到活动"认证用户"时，用户被认证，活动结束。

在图 7-13 中，当用别针代替对象后，就绘制出等价的标识别针的活动图，如图 7-14 所示。

别针代表一个对象，用一个小方形框表示。别针又分为输出别针和输入别针，在一条虚线箭头的两端，箭尾部位是输出别针，箭头部位是输入别针。输入别针与输出别针代表同一个对象。一般把别针绘制在活动结点的边界上。

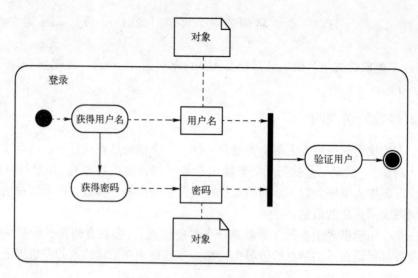

图 7-13　标识对象流的活动图

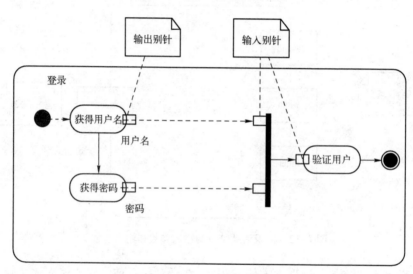

图 7-14　标识别针的活动图

7.3.6　标识中断的活动图

若一个中断事件到达时，某些活动都会终止，我们把这些活动组成一个区域，这个区域就是中断区。

图 7-15 中，我们把三个活动封闭在虚线框中，这个虚线框就是中断区。中断边用齿形箭头表示。当控制焦点在中断活动区时，"取消"活动收到一个中断事件后，中断区中的三个活动都会停止执行，控制焦点转向中断边。

7.3.7　标识异常的活动图

程序运行过程中出现的错误称之为异常。Java 语言和 c + + 语言提供了异常处理机制，为了对受保护的代码进行有效处理，我们对受保护的代码进行异常处理，即每当程序出现异常时，就抛出异常对象，由异常处理函数对异常对象进行处理。

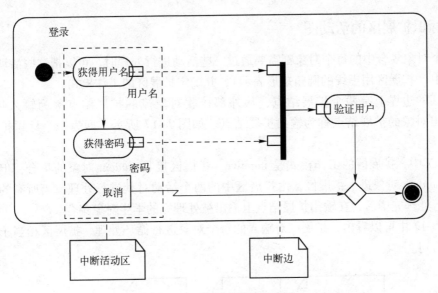

图 7-15　标识中断的活动图

如图 7-16 所示，用 UML 图标识了计算机的异常处理流程。

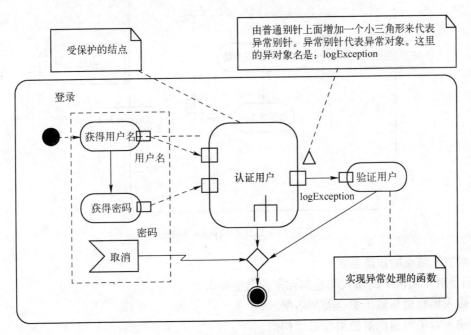

图 7-16　标识异常的活动图

图 7-16 中，结点"认证用户"执行前的输入对象是："用户名"和"密码"，该结点执行后，可能输出异常对象（logException）。如果抛出了异常（logException），则"验证用户"结点对异常进行捕捉，并对异常进行处理。

由于"认证用户"的输入别针是："用户名"和"密码"，输出别针是："logException"。因此，结点"认证用户"受到了保护。

结点"验证用户"（log error）对异常（logException）进行捕捉，并对异常进行处理。

7.3.8 标识扩展区的活动图

当一个对象集合中的每个对象都需要通过一些活动进行处理时，可以把这些活动封闭在一个扩展区中（扩展区用虚线的圆角矩形表示），并确定扩展区的工作模式。

扩展区的边界上有两个扩展结点，从外部接收对象流的扩展结点称为输入扩展结点，向外部流出对象的扩展结点称为输出扩展结点。如图7-17所示，即为一个标识扩展区的活动图。

图7-17中，扩展区的工作模式是iterative。扩展区接收student对象的集合，但是，每次只有一个student对象进入扩展区，由扩展区中的两个活动对其进行处理，当所有的对象在扩展区中进行处理完毕后，在输出扩展结点上输出被处理完的学生对象集合。

从图7-17中可以看出，扩展区对输入的每个对象进行循环处理，扩展区相当于程序语言中的循环语句。

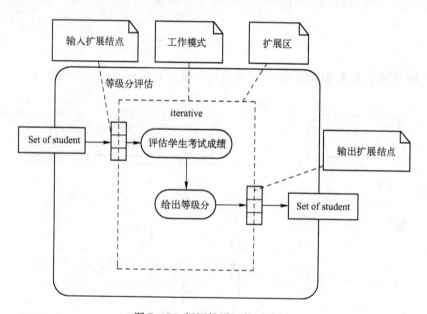

图7-17 标识扩展区的活动图

1. 对扩展结点的规范要求

下面是对扩展区中的输入和输出元素的类型要求。

1）输入集合类与输出集合类型匹配。

2）输入对象与输出对象类型必须相同。

2. 扩展区的工作模式

扩展区的工作模式只能是下面三种情况之一。

1）Iterative：顺序处理集合中的每个对象。仅当所有对象处理完毕后，才将对象集合提交给输出扩展结点上。

2）Parallel：并行处理集合中的每个对象。仅当所有对象处理完毕后，才将对象集合提交给输出扩展结点上。

3）Stream：逐个处理集合中的每个对象，并将处理完的对象直接提交给输出扩展结点上。

7.3.9 标识信号的活动图

信号用来标识两个对象之间进行的异步通信。当一个对象接收到一个信号时，将触发信号事件。

1. 信号

在活动图中包括3种信号元素，分别是发送信号、接收信号和时间信号，其表示方法如图7-18所示。

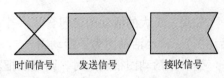

图7-18　3种信号的表示方法

- 时间信号：时间信号是用来表示随着时间的流逝而自动发出的信号。时间信号表示，当时间到达某个特定时刻时，就会触发时间事件，例如每天上午10点时，闹钟开始响铃，上午10点钟发出响铃的信号就是时间信号。

- 发送信号：即发出一个异步消息，对于发送者而言即为发送信号，对于接收者而言则为"接收信号"。

- 接收信号：即接收者收到的一个外部信号。

2. 在活动图中标识信号

如图7-19所示，标识了手机卡验证的信号图。该图表示的逻辑如下。

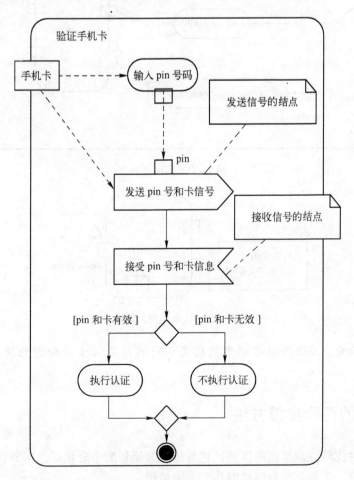

图7-19　手机卡验证的信号图

对象"手机卡"流向活动结点"输入 pin 卡号码";活动结点"输入 pin 卡号码"执行后，产生发送信号，电信服务器接受到 pin 号和卡信息后，对卡号和卡信息进行验证，如果卡号和卡信息有效，就执行认证活动，如果卡号和卡信息无效，就不执行认证活动。

7.3.10 标识嵌套的活动图

如果一个大的活动图又包含了一个小的活动图，则称大活动图为嵌套活动图（也称为主活动图），称小活动图为子活动图。

当一个活动图很复杂时，则可以把其中的一组相关活动看作是一个子活动图，这时在绘制主活动图时，可用子活动图的简图代替子活动图。

图 7-20 所示是一个嵌套活动图，其中的结点"认证用户"是一个子活动图，图 7-21 是对图 7-20 的简化表示，即图 7-21 代表图 7-20。

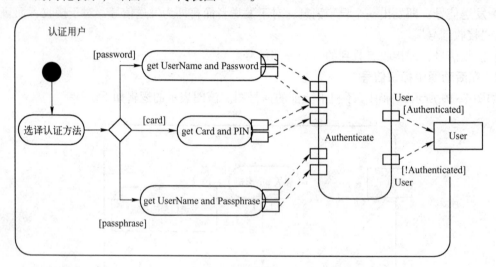

图 7-20　认证用户

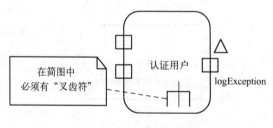

图 7-21　认证用户的简图

注意：一般来说，在嵌套活动图中使用叉齿符的简图（子活动图的简图）来代替子活动图。

7.4　活动图的两种建模方法

活动图是一种比较直观易懂的模型，它与传统的流程图十分相近，本节将对绘制活动图的大概思路进行总结。下面是绘制活动图几个关键步骤。

• 如果希望在活动图中标识出活动的实施者，就应采用标识泳道的活动图，同时在绘制活动图前，应先找出活动的执行者，然后找出每个执行者参与的活动。

- 在描述活动结点之间的关系时，应最大限度地采用分支，以及分岔和汇合等基本的建模元素来描述活动控制流程。
- 如果希望标识出活动结点执行前后对象的创建、销毁以及对象的状态变化情况，则在绘制活动图时，应标识对象流以及对象的状态变化。
- 如果希望标识活动图中更详细的信息，就应在活动图中利用一些高级的建模元素，如顺序活动图、并发活动图、在活动图中标识发送信号与接收信号、用扩展区来标识活动的循环执行等。

活动图主要应用于两个阶段的建模：一是在业务分析阶段，对工作流程进行建模；二是在软件设计阶段，对操作流程进行建模。

7.4.1 对工作流程建模

当使用活动图来对工作流程进行建模时，应遵循以下一些主要原则。

- 从整个工作流中选出一部分能体现高层职责的部门，并为每个重要的职责部门创建一条泳道。
- 标识工作流初始结点的前置条件和活动终点的后置条件，以便有效地找出工作流的边界。
- 从工作流的初始结点开始，找出随时间推动的动作和活动，并在活动图中把它们标识成活动结点。
- 将复杂的活动或多次出现的活动用一个或多个子活动图的引用结点表示，然后为每个被引用的子活动图绘制出详细的活动图。
- 找出连接这些活动结点的转换，首先从工作流的顺序开始，然后考虑分支，接着再考虑分岔和汇合。
- 如果标识出工作流中重要的对象，则可以把对象流也加入到活动图中。
- 若工作流中有重复执行的活动，则采用扩展区来表示循环活动。

7.4.2 对操作流程建模

当使用活动图对操作进行建模时，应遵循以下原则。

- 寻找操作所涉及的属性，包括操作的参数、返回类型、所属类的属性以及某些邻近的类。
- 识别该操作初始结点的前置条件和活动终点的后置条件，同时也要识别在操作执行过程中必须保存的信息。
- 从该操作的初始结点开始，标识随着时间发生的活动，并在活动图中将它们表示为活动结点。
- 如果需要，应使用分支来说明条件语句及循环语句。
- 仅当操作属于一个主动类时，才在必要时用分岔和汇合来说明并行的控制流程。

7.5 小结

本章首先讲解了活动图的概念及其组成元素：活动结点、初始结点和活动终点、转换、分支与监护条件、分岔与汇合等基本建模元素，并逐步引出了泳道、对象流等控制流逻辑，然后分别介绍简单活动图、标识泳道的活动图、标识对象流的活动图、标识信号的活动图、标识扩展区的活动图、标识参数的活动图和标识嵌套活动图；最后概括地说明了活动图的绘制要点，并介绍了对工作流程建模和对操作流程建模之间的异同。

7.6 习题

1. 选择题

（1）组成活动图的要素有_____。

    （A）泳道   （B）动作状态

    （C）对象   （D）活动状态

（2）活动图中的开始状态使用_____表示。

    （A）菱形   （B）直线箭头

    （C）黑色实心圆   （D）空心圆

（3）UML 中的_____用来描述过程或操作的工作步骤。

    （A）状态图   （B）活动图

    （C）用例图   （D）部署图

（4）_____技术是将一个活动图中的活动状态进行分组，每一组表示一个特定的类、人或部门，他们负责完成组成内的活动。

    （A）泳道   （B）分支

    （C）分叉汇合   （D）转移

2. 问答题

（1）举例说明活动图和顺序图之间有什么区别？

（2）分岔和分支有什么不同？它们的语义有什么区别？请举例说明。

（3）请用活动图描述下面的 for 循环。

$$for\ (\ i=10\ ;\ i>2\ ;\ i--\ )\quad 输出\ i\ 值$$

（4）举例说明标识泳道的活动图、标识对象的活动图、标识循环的活动图，同时说明它们在应用方面的优缺点。

（5）如果要求标识出某个活动结点的输入参数和输出参数，应该用那种建模元素？举例说明。

（6）举例说明中断活动图、异常活动图的作用。

第8章 交互概况图

交互概况图是将活动图和顺序图嫁接在一起的图。交互概况图的主要作用是演示用例的实现。当我们把用例图中的每个用例表示为一个顺序图时，顺序图之间的交互流程就展示了用例之间的交互流程。

8.1 交互概况图的基本概念

交互概况图有两种：一种是以活动图为主线，另一种是以顺序图为主线。

1. 活动图为主线

这种交互概况图的绘制步骤如下。

1）第一步绘制活动图，找出重要的活动结点。

2）第二步将重要的活动结点表示为顺序图，即用顺序图来细化重要的活动结点。

2. 顺序图为主线

这种交互概况图的绘制步骤如下。

1）第一步绘制顺序图，找出重要的对象。

2）第二步用活动图对重要对象的活动细节进行详细描述。

下面以课程管理系统为例子，说明以活动图为主线的交互概况图。

图 8-1 所示是一个描述课程管理的活动图。

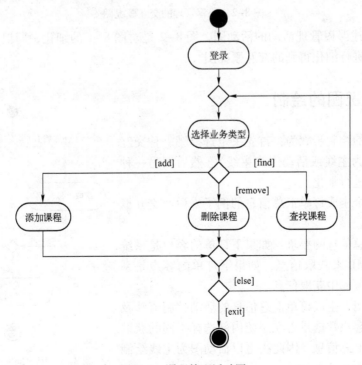

图 8-1 课程管理活动图

如果希望了解"添加课程"活动由哪些对象组成？对象是如何交互的？我们就应该对"添加课程"活动结点进行细化，用顺序图来描述"添加课程"结点。对图 8-1 中的"添加课程"活动结点进行细化后，得到如图 8-2 所示的交互概况图。

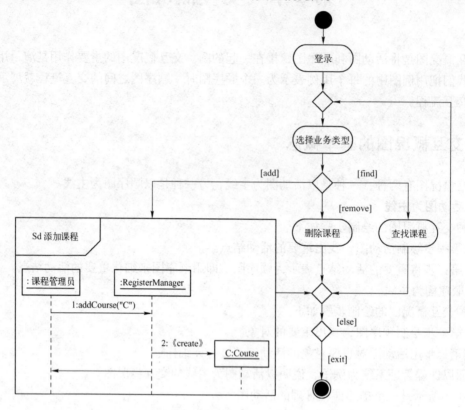

图 8-2　课程管理的交互概况图

图 8-1 是描述课程管理活动的活动图，图 8-2 是对图 8-1 的细化，即根据需要对图 8-1 中某些活动结点进行细化得到的交互概况图。

8.2　交互概况图的绘制

交互概况图的绘制步骤为：首先决定选择哪一种交互概况图（顺序图为主线或活动图为主线），然后用另一种图形对重要结点进行细化。

下面通过一个生成订单汇总信息的例子来说明交互概况图的绘制过程。

生成订单汇总信息的要求：如果下订单的客户是系统外的，则通过 XML 来获取信息，如果下订单的客户是系统内的，则从数据库中获取信息。

上述要求说明，生成订单汇总信息的活动控制流涉及一个分支，根据客户数据是否在系统内部选择不同的获取方法，然后生成汇总信息。因此决定以活动图为主线绘制交互概况图，如图 8-3 所示。

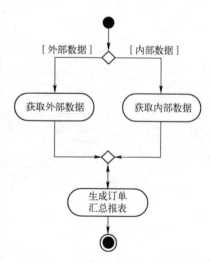

图 8-3　用活动图来绘制概况图

假设需要对"获取外部数据"和"获取内部数据"的细节进行描述，则用顺序图来描述这两个活动的细节，如图 8-4 所示。

1）获取外部数据：载入 XML 文件，再通过遍历该对象获取客户姓名、订单信息，然后创建订单概要对象（Order Summary）。

2）获取内部数据：从数据库中查询客户姓名、订单信息，然后创建订单概要对象（Order Summary）。

图 8-4 所示是一个展示活动结点细节的订单综述报告。如果客户是外部的，就从 XML 取得信息，如果是内部的，就从数据库中取得信息。小顺序图说明了这两种选择。一旦取得数据，就编排报告。

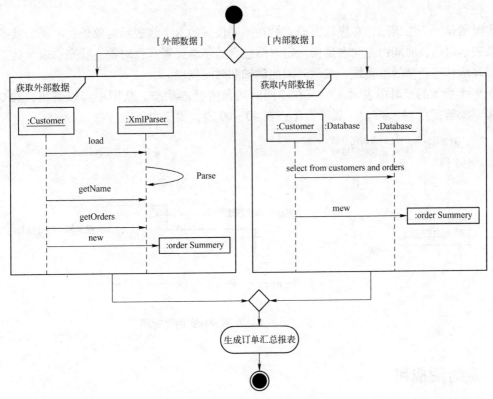

图 8-4　展示活动结点细节

8.3　小结

本章介绍了交互概况图有两种形式，一种是以活动图为主线，对活动图中某些重要活动结点进行细化；另一种是以顺序图为主线，用活动图细化顺序图中某些重要对象的行为。本章还介绍了绘制交互概况图的过程。

8.4　习题

1. 举例说明交互概况图的两种形式。
2. 由饮料机的售卖过程，制作一张交互概况图（分别用两种图绘制）。
3. 由 ATM 的取款过程，制作一张交互概况图（分别用两种图绘制）。

第9章 定 时 图

定时图是一种特殊的顺序图。如果要对实时性较强的系统建模就采用定时图。例如，对工业控制系统、人工智能系统、嵌入式系统进行建模时，最好采用定时图。

9.1 定时图的表示

定时图是一个二维图，在纵轴方向，处在不同位置的水平线表示对象处在不同的状态，横轴用来表示时间，时间由左向右延伸。定时图包含的基本元素有：对象、状态、表示状态的水平线、表示状态迁移的垂直线、表示时间的横轴和时间刻度。

图9-1所示的定时图表示一个人在不同时间段所处的状态。从图中可以看出，在 0 ~ 14 岁，属于少年；在 14 ~ 40 岁，属于青年；在 40 ~ 60 岁，属于中年。

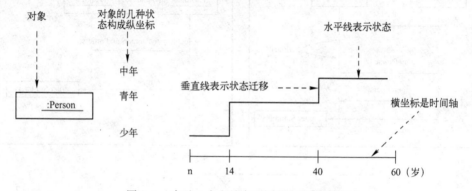

图 9-1 表示一个人处在不同状态的定时图

9.2 定时图应用

下面通过两个例子来说明定时图的应用。

1. 定时图表示地铁自动售票系统的控制逻辑

售票系统包括三个对象，他们是数据接收器、数据处理器和通行卡。图中的水平线表示"状态"，垂直线表示"状态迁移"，带箭头的实线表示"消息"。

在绘制定时图时，将方形框分隔成三栏，把三个相关的对象（数据接收器、数据处理器和通行卡）分别写在不同的栏中。然后在每个栏中标示对象的不同状态，如图9-2所示。

图9-2定时图表示的控制逻辑如下。

1）乘客在售票机端口处选择进入系统，数据接收器开始启动，乘客输入信息以及投入钱币。

2）售票系统将数据信息传至数据处理器，数据接收器进入等待校验状态，并发送一条"检验请求"的消息给数据处理器。

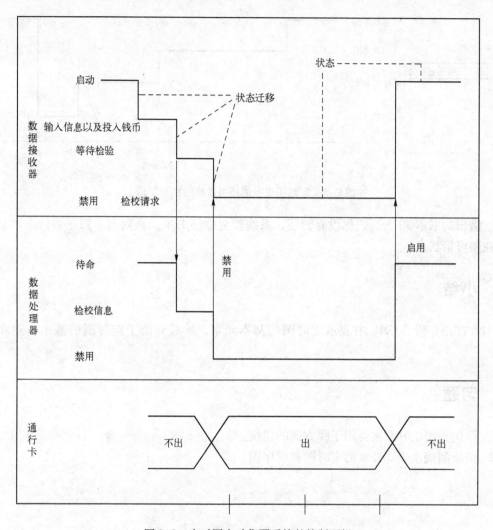

图9-2 定时图自动售票系统的控制逻辑

3）数据处理器进入检验信息状态，如果校验通过，数据处理器就发送一个"禁用"的消息给数据接收器，使数据接收器处于禁用状态，此时数据处理器转入禁用状态。

4）通行卡出口处于开启状态，传出地铁票卡，在4秒钟后，处理器会再次把通行卡出口关闭，并且发送一个"启用"的消息给数据接收器。

5）这时售票已经结束，数据接收器又开始重新工作，等候乘客输入数据，数据集处理器和通行卡出口处于待命状态。

对地铁自动售票系统可以理解为：乘客在售票机端口处选择进入系统，输入信息（乘客目的地和票数量）以及投入钱币，数据接收器将数据信息发送给数据处理器，数据处理器对其进行校验，如果校验通过，通行卡处就传出通行票卡，乘客在4秒钟内接受票卡，售票系统开始新一轮的自动售票业务。

2. 用定时图表示借还书的时态逻辑

图9-3所示是用定时图表示借还书的控制逻辑。书本有4个状态：书本可借、书本借出、催还书本、书本归还。

当书本在图书馆的图书架上时系统显示为书本可借，书本借出后在30天内，显示为书本

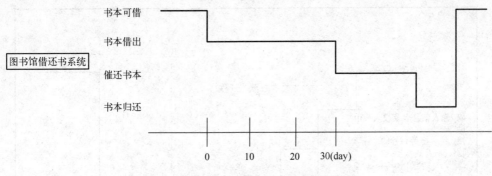

图 9-3　定时图表示借还书系统的控制逻辑

借出。借出的书本 30 天后仍然没有归还，系统就会催还书本，直到书本归还后，书本又重新变为在架可借状态。

9.3　小结

本章首先介绍了 UML 中表示定时图的基本元素，然后介绍了定时图的基本特点和应用实例。

9.4　习题

1. 举例说明定时图主要用于哪方面的建模。
2. 请绘制烧水壶烧开水的定时图和顺序图。

第10章 状态机图

状态机图是描述事物从一种状态迁移（也称为转换）到另一种状态的状态序列。常用状态机图对系统的动态行为进行建模。

10.1 状态机的组成

对象在生命周期内、在外部事件的作用下，对象从一种状态迁移到另一种状态构成的完整系列图就是一个状态机，状态机也被称作状态机图。

状态机图的重要结点是状态，迁移是指把两种状态连接在一起的连线。如图10-1所示便是一个典型的状态机图。

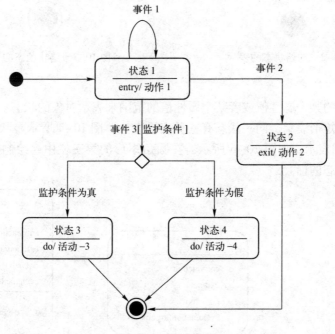

图 10-1　状态机图

（1）状态机图的组成元素

状态机图的基本元素有：初始状态、终止状态、状态、判决结点和迁移。其中，迁移将各种状态连接在一起，构成一个状态图。

（2）状态机

一个状态机必须含有初始状态、终止状态、状态和迁移。一个状态机由对象的一系列状态组成的完整系列。

（3）状态机图的作用

状态机图可以精确地描述对象在生命周期内的行为特征。在大多数情况下，状态机图用来对反应型对象（对象在外部事件触发后产生响应）的行为建模。

10.2　状态机图的表示

一个状态机图包含的元素有初始状态、终止状态、状态、迁移和分支，下面分别描述这些元素的语义和表示方法。

10.2.1　状态的表示法

1. 初始状态

初始状态代表对象的起始状态，只能作为迁移的源结点，而不能作为迁移的目标结点。初始状态在一个状态机图中只允许有一个，它用一个实心的圆表示，如图 10-2 所示。

2. 终止状态

终止状态是对象的最后状态，是一个状态机图的终止点。终止状态只能作为迁移的目标结点。在一个状态机图中可以有多个终止状态，它用一个套有一个实心圆的空心圆表示。如图 10-3 所示。

图 10-2　初始状态的表示　　　　　　图 10-3　终止状态的表示

3. 状态

我们常用对象的某个属性值或者某个属性值的范围来表示对象的状态。表示对象状态的图标由一个带圆角的矩形表示。同一状态有三种表示方法，图 10-4 所示是状态的简单表示，图 10-5 是状态的详细表示。如图 10-6 所示，在圆角矩形的第三栏中，绘制出了子状态（如果该状态包含了子状态的话）。

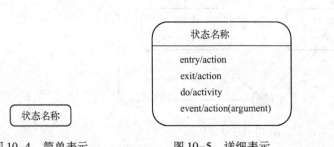

图 10-4　简单表示　　　　图 10-5　详细表示　　　　图 10-6　包含子状态表示

1）状态名称：给对象所处的状态取的名字，名字用字符串表示。在状态机图中，每个状态的名字应该是唯一的。

2）entry/action：表示进入该状态时执行的动作。entry 是关键字，表示进入该状态，action 表示进入该状态时执行的动作。

3）exit/action：exit 是关键字，表示退出该状态，action 表示退出该状态时执行的动作。

4）do/activity：表示处于该状态时，执行的活动（do 是关键字，表示活动，activity 代表某个活动）。活动是一系列动作的集合，活动执行时可以被中断，动作执行时不能被中断。

5）event/action（argument）：该语句表示对象处于内部迁移（在状态没有改变的情况下，在事件触发后产生的活动）状态时响应某个事件（event）所执行的活动。event 代表某个事件，action（argument）代表某个活动；argument 表示活动执行时用到的参数。

通常将入口动作（entry/action）、出口动作（exit/action）、活动（do/activity）、内部迁移（event/action（argument））标识在状态图标的第二栏，如图 10-5 所示。

内部迁移发生时对象的状态不会改变，外部迁移发生时对象状态要发生改变。外部迁移用一条实线箭头来表示；内部迁移用格式：event/action（argument）表示。

10.2.2 外部迁移的表示法

迁移是指对象在事件的作用下，当监护条件为真时执行一定的动作。迁移分四种类型（外部迁移、内部迁移、自动迁移和复合迁移）。下面介绍外部迁移的表示法。

外部迁移用带箭头的直线表示，箭尾连接源状态（转出的状态），箭头连接目标状态（转入的状态）。每个迁移包含三个要素。

1）事件。一个对象可能接收 0 或多个事件的触发。

2）监护条件。当事件发生时，可能要测试 0 或多个监护条件。

3）动作。当事件发生，并且监护条件为真时，对象可能要执行 0 或多个动作。

图 10-7 所示即为描述了烧水器的状态图。我们用该图说明迁移的三要素。

从图 10-7 可以看出，在实线箭头的上面依次注明触发事件、监护条件和动作。监护条件写在［］符号中，动作写在符号"/"后面。图 10-7 迁移语义解释如下。

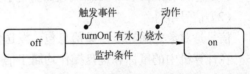

图 10-7 烧水器的状态图

开始，烧水器处在 off 状态，当 turnOn 事件发生时，若有水（监护条件为真），则执行烧水动作，这时，烧水器的状态由 off 状态改变为 on 状态。在上面的迁移而言，烧水壶的 off 是源状态，烧水壶的 on 状态是目标状态。

1. 源状态和目标状态

对于一个迁移而言，迁移前对象所处的状态称为源状态。迁移完成后对象所处的状态就是目标状态。源状态和目标状态都是相对某个迁移而言的，都是相对的概念。

2. 事件

事件就是外部作用于一个对象，能够触发对象状态改变的一种现象。事件可以分为调用、信号、改变和时间 4 类。

（1）调用事件

调用事件是指调用者给接收者发送的事件，接收者接收到事件后必定执行一些动作，仅当接收者执行完操作后，调用者才能继续执行后面的操作。调用事件是一种同步机制，例如在图 10-8 所示的调用事件实例中，银行账户（BankAccount）的三种状态迁移图。该图演示了外部调用事件和内部调用事件。

- 开始，账户（BankAccount）处于"Credit"状态，当存款事件发生时（Deposit（m）），执行的动作是：balan = balan + m。因为没有发生状态迁移，因此，Deposit（m）事件属于内部调用事件。可见，存款事件是内部调用事件。

- "Credit"状态下，当取款事件发生（Withdrawal（m））时，若监护条件是：［balan < m］，则账户迁移到 RejectWithdrawal 状态，若监护条件是：［balan >= m］，则账户迁移

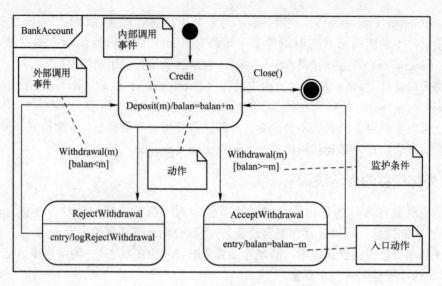

图 10-8　调用事件实例

到 AcceptWithdrawal 状态。可见，取款是外部调用事件。

- 当进入 RejectWithdrawal 状态时，执行的入口动作是：logRejectWithdrawal（拒绝取款）。
- 当进入 AcceptWithdrawal 状态时，执行的入口动作是：balan = balan − m。

（2）信号事件

信号是对象之间异步传递信息包。发送信号的对象将信号发送出去后，继续执行自己的操作。在计算机中的鼠标和键盘操作均属于信号事件。

图 10-9 演示了信号事件。

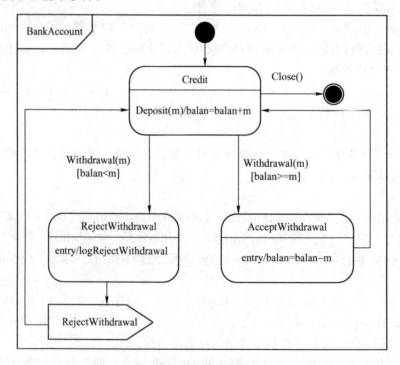

图 10-9　信号事件

图 10-9 中，当账户进入 RejectWithdrawal 状态时，系统给账户发送信号，账户再次进入 Credit 状态。

（3）改变事件

改变事件是指系统对某个条件表达式不断进行的循环测试，当该条件表达式的值由 false 变为 true 时，就触发相关的动作，同时，系统自动将条件表达式的值再次设为 false，接着，系统又不断测试该条件表达式的值，如此循环。图 10-10 演示了改变事件。

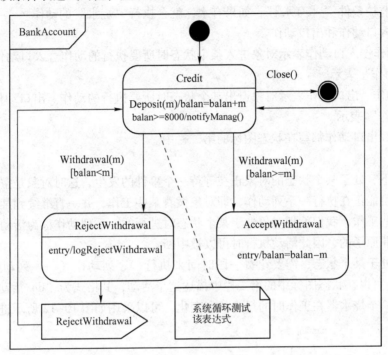

图 10-10　改变事件

图 10-10 中，账户处于状态 Credit 时，系统不断地对表达式 balan > =8000 进行循环测试，当该表达式的值由 false 变为 true 时，系统就触发 notifyManag（）动作（该动作通知客户可以做其他投资），同时，将表达式的值重新设置为 false。当系统测试到布尔表达式的值为真时系统所产生的事件称为改变事件。在 UML 图中，一般来说，并没有在状态的第二栏中表示出改变事件。

（4）时间事件

时间事件是指当时间到达某个特定时刻，或某个戈值时，将要触发的事件。时间事件用关键字 when 和 after 表示。when 表示事件触发的特定时刻；after 表示事件触发的戈值时间。例如，after（2 个月）表示 2 个月后触发事件；when（date = 08/12/20010）表示当时间处于 2010 年 8 月 12 号时触发时间事件。

图 10-11 所示为某个信贷账户（Credit）状态机片段（一个时间事件）。当账户处于 Overdrawn 状态两个月以后，时间事件（after（2months））被触发，账户从 Overdrawn 状态迁移到 Frozen 状态。

图 10-11　时间事件

3. 监护条件

监护条件是一个布尔表达式。当触发事件发生，并且检测到布尔表达式的值为真时，迁移才能够完成。监护条件写在 [ ] 符号中。

4. 动作

动作是原子的，即动作在执行时不能被中断。动作可以是一个赋值语句、算术运算、表达式、调用操作、创建和销毁对象、读取和设置属性的值。例如图 10-12 所示，当 turnOn 事件发生，就测试监护条件"[有水]"，如果有水，就会执行"烧水"的动作。

动作分为入口动作和出口动作。

1）入口动作：入口动作表示对象进入某个状态时所要执行的动作。入口动作用格式"entry/要执行的动作"表示。

2）出口动作：出口动作表示对象退出某个状态时所要执行的动作。出口动作用格式"exit/要执行的动作"表示。

入口动作和出口动作都写在状态图标的第二栏中。

5. 活动

一般情况下，处于某个状态的对象正在等待一个事件的发生，这时对象是空闲的；但在某个时间段对象可能正在执行一系列动作，即对象做着某些工作，并一直继续到某个外部事件的到来才中断这些工作，我们就把对象处于某个状态时进行的一系列动作称为活动。活动由多个动作组成，是非原子的，因此活动执行时可以被中断。

如果对象处于某个状态，需要花费一段时间来执行一序列动作（一序列动作的集合称为活动），这时，可以在状态图标中的第二栏中描述这个活动，其格式为"do/活动名"。

例如描述一个烧水器在工作时的行为状态变化，可以采用如图 10-12 所示进行。

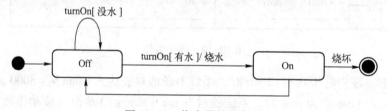

图 10-12　烧水器的状态图

下面对图 10-12 作以下说明。

1）处在状态 Off 时有两个迁移，其触发事件都是 turnOn，只不过其监护条件不同。如果对象收到事件 turnOn，那么将判断壶中是否有水，如果[没水]，则仍然处于 Off 状态；如果有水，则转为 On 状态，并执行"烧水"动作。

2）处在状态 On 时也有两个迁移，如果监护条件[水开了]为真，就执行关掉开关的动作；如果烧坏了，就进入终态。在这里，系统不断循环测试监护条件：[水开了]，如果该监护条件为真，则系统触发改变事件，并执行关掉开关动作。

10.2.3　分支的表示法

对象在外部事件的作用下，根据监护条件的不同值，转向不同的目标状态，即对象的状态根据监护条件的取值而发生分支。分支由判决结点和迁移构成，判决结点用空心小菱形表示，如图 10-13 所示就是一个判决结点。

根据监护条件的真假可以触发不同的迁移。如图 10-14 所示，当对象处于状态 1，某个事件作用于对象，这时就要计算监护条件。当条件满足时（true），对象的状态迁移到状态 2；当条件不满足时（false），对象状态迁移到状态 3。

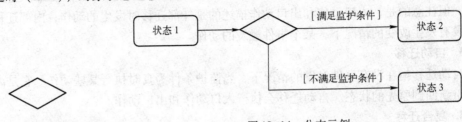

图 10-13　判决结点的表示　　　　　　　　　　图 10-14　分支示例

产生分支的原因是：在同一事件的作用下，由于监护条件值的不同，对象迁移到不同的目标状态。

10.3　迁移分类

1. 外部迁移

外部迁移是一种改变对象状态的迁移。外部迁移用从源状态到目标状态的箭头表示。如图 10-15 所示的外部迁移示例，描述了复印机的状态迁移，复印机存在 4 个状态，包含 6 个外部迁移。

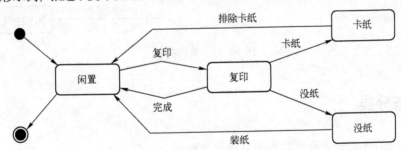

图 10-15　外部迁移示例

2. 内部迁移

内部迁移是指状态不变的情况下，由事件引发的动作。内部迁移自始至终都不离开源状态（没有发生状态变化），所以不会产生入口动作和出口动作。因此，当对象处于某个状态进行一序列动作时，可以把这些动作看成是内部迁移。

在图 10-16 中，当处在登录口令状态（Enter Password）时，以下的两个动作都不会改变当前的状态。

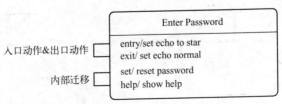

图 10-16　内部迁移示例

1）用户设置密码时，当前状态不会发生改变，我们可以把这一动作建模为内部迁移：set/ reset password。

2）显示帮助时，当前状态也不会改变，我们可以把这一动作建模为内部迁移：help/show help。

如图 10-16 所示的内部迁移示例，第二栏中描述了入口动作和出口动作，也描述了内部迁移，但注意的是，入口动作和出口动作描述的是外部迁移时发生的动作；内部迁移是描述在状态没有发生改变的情况下，某个事件触发的动作。

3. 自动迁移

自动迁移指在**没有事件触发**的情况下，当监护条件为真时执行某些动作。它是离开某个状态后重新回到原先的状态。自动迁移会执行入口动作和出口动作。

4. 复合迁移

复合迁移是由多个外部迁移组成的。复合迁移由判决结点和多个简单迁移组合而成，如图 10-17 所示。

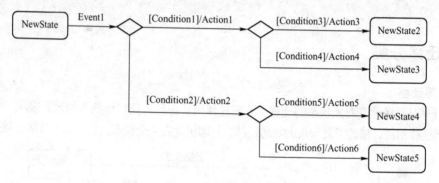

图 10-17　复合迁移

10.4　状态分类

状态机图中的状态分为简单状态和复合状态两种。

10.4.1　简单状态

简单状态是指不包含子状态的状态。但简单状态可以具有内部迁移、入口动作和出口动作等。如图 10-18 所示便是灯泡的简单状态图，该状态图包含三种状态：灯亮、灯灭和维修，每个状态是一个简单状态。

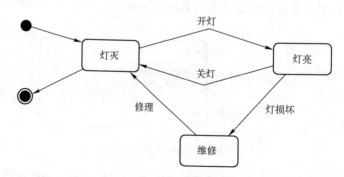

图 10-18　灯泡的简单状态图

下面说明该状态图的语义。

1）灯灭状态。开灯事件发生后，从本状态迁移到灯亮状态。

2）灯亮状态。当灯损坏事件发生后，从本状态迁移到维修状态；当关灯事件发生后，从本状态迁移到灯灭状态。

3）维修状态。当修理事件发生后，从本状态迁移到灯灭状态。

10.4.2 复合状态

复合状态是指状态本身包含一个或者多个子状态的状态。复合状态中包含的多个子状态之间的关系有两种：一种是并发关系，另一种是互斥关系。

如果子状态是并发关系，则称子状态为并发子状态；如果子状态是互斥关系，则称子状态为顺序子状态。

1. 顺序子状态

在任何时刻，当复合状态被激活时，如果复合状态包含的多个子状态中，只有一个子状态处于活动状态，即多个子状态之间是互斥的，则称这些子状态为顺序子状态。复合状态的子状态如果是顺序子状态，那么复合状态只包含一个状态机。

如图10-19所示的顺序子状态示例描述了某系统的用户状态变化过程。用户存在三种状态："用户已添加"、"用户生效"、"用户已删除"。

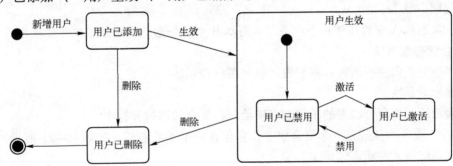

图10-19　顺序子状态示例

其中"用户生效"是一个复合状态。该复合状态包含2个子状态，它们是："用户已禁用"和"用户已激活"。当活动进入"用户生效"状态后，在任意时刻，用户只能处于"用户已禁用"和"用户已激活"两个状态之一的状态，所以这2个子状态是顺序子状态。

对图10-19的理解如下。

1）"用户已添加"状态。在该状态下，有两个迁移。

● 当生效事件发生后，进入"用户生效"状态。

● 当删除事件发生后，进入"用户已删除"状态。

2）"用户生效"状态。"用户生效"状态是个复合状态，当进入该复合状态后，自动进入"用户已禁用"状态。

● "用户已禁用"状态。在该状态下，若激活事件发生，则进入"用户已激活"状态。

● "用户已激活"状态。在该状态下，若禁用事件发生，则进入"用户已禁用"状态。

在"用户生效"状态下，若删除事件发生，则进入"用户已删除"状态。

2. 并发子状态

如果复合状态包含两个或者多个并发的子状态机，则称子状态为并发子状态。

图 10-20 所示的状态机图为并发子状态示例，描述了学习驾照的过程。该图包含三个状态："已报名"、"学习"、"获得驾照"。其中，"学习"状态是个复合状态，该复合状态包含两个子状态机。

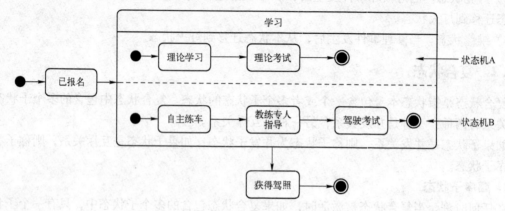

图 10-20　并发子状态示例

状态机 A 描述了理论学习过程，它由两个顺序子状态构成；状态机 B 描述了实践学习过程，它由三个顺序子状态构成。两个子状态机中的状态可以并发执行。

仅当复合状态"学习"中的两个子状态机都进入终结状态后，才能从"学习"状态迁移到"获得驾照"状态。

注意：状态机 A 中的任意一个状态与状态机 B 中的任意一个状态可以并发执行。

3. 复合状态表示法

复合状态的表示法有两种：嵌套表示法和图标表示法。

（1）嵌套表示法

嵌套表示法是将复合状态的子状态直接绘制在复合状态的分栏中。

IC 卡的"读卡"状态是一个复合状态，它包含一个子状态机。如图 10-21 所示的嵌套表示法，子状态机嵌入在状态"读卡"分栏中。

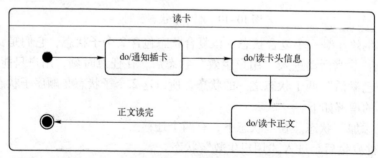

图 10-21　嵌套表示法

（2）图标表示法

图标表示法是将代表子状态机的图标绘制在复合状态的分栏中。

图 10-22 中，图标"获取卡信息"代表图 10-23 的子状态机。在"读卡"状态的分栏中绘制该图标。

复合状态区域内可能具有一个初始状态和多个终结状态。当进入复合状态时，也就是进入复合区内的初始状态；当复合状态中的子状态机进入终结状态时，也就是复合状态失去活动，迁移到别的状态。

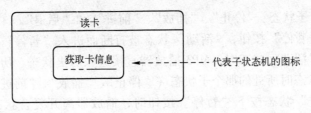

图 10-22　图标表示法

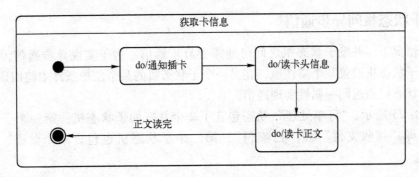

图 10-23　子状态机

10.4.3　历史状态

一般情况下,当迁移进入复合状态时,其子状态机的初始状态开始执行。

在实际应用中,当迁移离开复合状态,进入其他状态执行一些活动后,迁移重新进入原先的复合状态,这时,我们并不希望从子状态机的初始状态开始执行,而是希望直接进入上次离开复合状态时所处的那个子状态开始执行。

我们把上次离开复合状态时所处的那个子状态称为历史状态。用字母"H"外绘制一个小圆圈表示历史状态。每当外部迁移进入历史状态时,对象的状态便恢复到上次离开复合状态时的状态,并执行进入历史状态时的入口动作。

下面是一个 MP3 播放器对象的状态图示例,如图 10-24 所示。

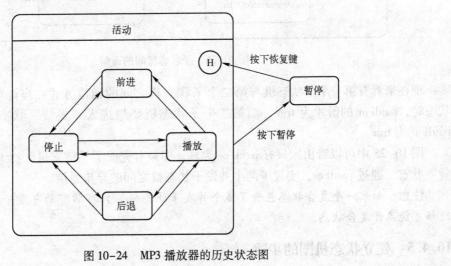

图 10-24　MP3 播放器的历史状态图

从图 10-24 中可以看出,MP3 播放器包含两个状态:"暂停"和"活动"。"活动"是个复合状态，它包含 4 个子状态："停止"、"播放"、"前进"和"后退"。

当用户按下了"暂停"按钮，"活动"状态被打断而进入"暂停"状态；当用户撤销暂停，恢复播放器的"活动"状态时，MP3 播放器直接进入历史状态。历史状态代表播放器上一次离开"活动"状态时所处的那个子状态（"停止"、"播放"、"前进"和"后退"之一）。例如当用户在"前进"状态按下"暂停"按钮时，播放器离开复合状态，进入"暂停"状态，当恢复播放时，播放器直接进入复合状态中的历史状态，即"前进"状态。

10.4.4　子状态机间异步通信

在很多情况下，并发子状态机之间可能需要异步通信。为了实现异步通信，采用的策略是：在一个子状态机设置某个属性值，在另一个子状态机的某个监护条件中使用该属性值。这样，两个子状态机通过同一属性实现通信。

如图 10-25 所示，"订单处理"状态包含了 2 个并发的子状态机：第一个子状态机包含两个状态，即"接收支付"和"已支付"；第二个子状态机也包含两个状态，即"配货"和"发货"。

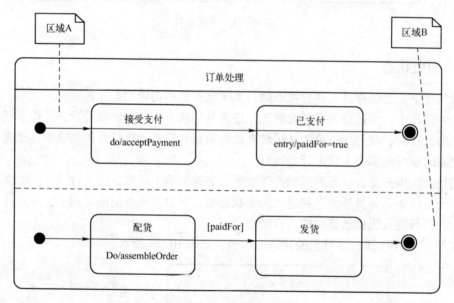

图 10-25　子状态机间的通信

现在来看看第一个子状态机与第二个子状态机之间的通信方式：当订单进入"已支付"状态时，paidFor 的值才为 true，而第二个子状态机要想进入"发货"状态，其监护条件是 paidFor 为 true。

图 10-25 中可以看出，只有 paidFor 为真，即只有完成了"已支付"行为，才能进入"发货"状态。通过 paidFor，实现了两个并发子状态机之间的异步通信。

注意：如果一个复合状态包含了多个并发子状态机，只有所有的并发子状态机都结束后，迁移才能离开复合状态。

10.4.5　建立状态机图的步骤

绘制状态机图的一般步骤如下。

1）寻找主要的状态。

2）寻找外部事件，以便确定状态之间的迁移。

3）详细描述每个状态和迁移。

10.5 状态机图应用

状态机图的主要应用有两种：一是在对象生命周期内对一个对象的整个活动状态建模；二是对反应型对象的行为建模。

1. 对对象的生命周期建模

使用状态机最通常的目的是对对象的生命周期建模，即描述对象在生命周期内，各种状态以及在外部事件的作用下，状态之间的迁移。交互图建模是用来描述多个协作对象的行为，而状态机是对单个对象在整个生命周期内的行为建模。

在对对象的生命周期建模时，它主要描述对象能够响应的事件、对这些事件的响应产生的行为，以及行为的后果。

2. 对反应型对象建模

当对反应型对象的行为建模时，主要描述对象可能处于的状态、从一个状态迁移到另一个状态所需的触发事件，以及每个状态改变时发生的动作或活动。

交互图建模的是"对象到对象的控制流"，活动图建模的是"活动到活动的控制流"，而状态机图建模的是"事件到事件的控制流"。

10.6 小结

本章介绍了状态机图、状态、迁移、事件、消息的概念和表示方法，并通过例子逐一说明了简单状态机图、复合状态机图、历史状态机图的建模方法，以及使用状态机对对象进行建模的方法。

10.7 习题

1. 对象的状态的语义是什么？对象的状态和对象的属性有什么区别？

2. 状态机与状态图有什么区别？

3. 状态机图由哪 5 个部分组成？

4. 举例说明迁移的类型和表示方法。

5. 举例说明：简单状态、顺序自状态、互斥子状态、历史状态的表示法和应用。

第11章 构 件 图

构件是定义了良好接口的物理部件，良好接口定义的构件不直接依赖于其他构件，而是依赖于其他构件所提供的供给接口，在这种情况下，系统中的一个构件可以被支持相同接口的其他构件所替代。构件图就是由多个构件关联在一起的图。

接口是软件或硬件所支持的一个操作集合。通过使用命名了的接口，可以避免在系统的各个构件之间直接发生依赖关系，有利于新构件的替换以及构件装配。

11.1 接口、端口和构件

11.1.1 接口表示法

接口是对外声明的一组操作的集合，这些操作说明构件能提供哪些服务。接口分为供给接口和需求接口两种。供给接口说明构件实现了哪些操作，这些操作为其他构件提供服务。需求接口说明本构件需要其他构件提供哪些服务（操作集合），这些服务由其他构件提供。

接口有两种表示方法：构造型表示法和图标表示法。如图11-1所示为用构造型《interface》表示接口 Borrow。在该图中，没有明确标明接口是供给接口还是需求接口。

如图11-2所示为用图标表示接口 Borrow。在该图中，图标形状明确标明了接口的类型（供给接口，或者需求接口）。每个接口有一个名称，接口有操作、属性、关系，约束等特征。

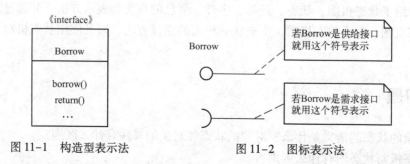

图11-1　构造型表示法　　　　　图11-2　图标表示法

在实际应用中，图书馆中的图书（Book）和光盘（CD）都存在借出操作的行为，因此，我们可以将 Book 和 CD 类中的共同的操作提取出来，封装为一个借出接口（Borrow），然后，在 Book 和 CD 类各自实现接口 Borrow。

Book 和 CD 类与 Borrow 接口的关系如图11-3、图11-4所示。

图11-3中的接口 Borrow 定义了一个借出图书或光碟的接口，无论是借出图书还是光碟，借出协议都是一样的。

图11-3表示的语义模型与图11-4表示的语义模型是等价的，它们表示了相同的实现关系。

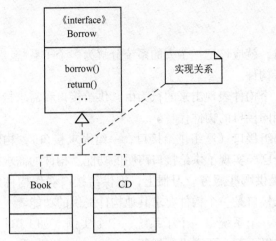

图 11-3　实现接口（构造型表示法）

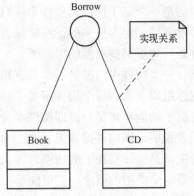

图 11-4　实现接口（图标表示法）

11.1.2　端口表示法

端口是对一组接口的封装，即把一组相关的供给接口和需求接口封装为一个整体。端口可以没有需求接口，但是必须有供给接口。端口用一个长方形表示（端口常常绘制在一个构件的边界上）。端口有名称、类型（名称与类型之间用冒号分隔），名称可以不标识。端口表示法有两种：通用表示法和简洁表示法。

图 11-5 和图 11-6 是 CD 构件端口的两种表示方法。

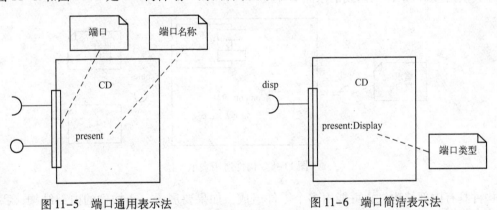

图 11-5　端口通用表示法　　　　　　　　图 11-6　端口简洁表示法

如图 11-7 所示，构件 CD 和另一个构件 Show 通过端口连接。两个构件连接时，它们的端口必须匹配，即一个构件的供给接口与另一个构件的需求接口的规格说明必须一致。

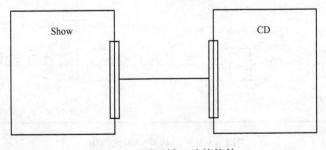

图 11-7　通过端口连接构件

11.1.3 构件

当要构造一个基于构件的软件系统时，就应该把一个大的系统分解为多个子系统，一个子系统还可以继续分解为更多的子系统或者构件。

构件是实现了某些功能的黑盒子。一个构件表现出来的行为由其供给接口和需求接口来定义。因此，一个构件可以被另一个具有相同接口的构件代替。

从构件组成上看，每个构件定义了两组接口（一组供给接口，一组需求接口），构件为供给接口提供了功能实现部分，即构件本身已经实现了供给接口声明的功能。构件的需求接口只是向使用者说明，该构件需要其他构件提供哪些服务。习惯上，把供给接口看作构件的一部分。供给接口是构件实现了的功能，需求接口是一个构件要求其他构件提供的功能。

构件是一个泛指的概念，它可能是：一个系统、一个子系统、一个实例（如 EJB）、一个逻辑部件等等。在定义一个构件时必须对以下五个要素进行规范。

- 按照标准规范定义接口：每个构件包含两组接口，一组是供给接口，表明它能提供的服务，一组是需求接口，表明它需要的服务。
- 实现供给接口的功能：构件是一个物理部件，它实现了供给接口声明的服务。
- 遵循构件封装标准：也就是构件遵从的封装要求。
- 构件创建标准：在创建构件时，每一个构件必须遵从某种构件标准。
- 构件部署方法：一个构件可以有多种部署方法。按构件要求部署。
- 图 11-8 为一个网卡（构件）的通用表示。该网卡的需求接口 pci 与计算机插口连接，其供给接口 cable 与网线的水晶头连接。

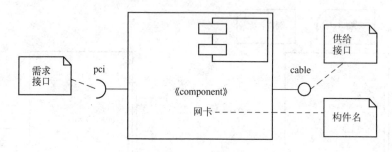

图 11-8　构件通用表示

构件具有内部结构，它可能由多个零件组成。如果要展示一个构件的内部结构，我们用图 11-9 表示。

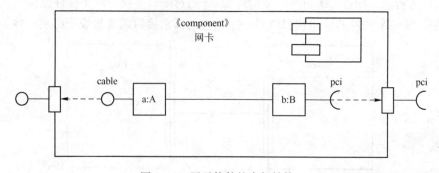

图 11-9　展示构件的内部结构

如图 11-9 所示，假设网卡由零件 a 和零件 b 组成，零件 a 的供给接口是 cable，零件 b 的需求接口是 pci，则整个网卡对外表现的供给接口是 cable，对外表现的需求接口是 pci。

从构件的定义上看，构件和类十分相似，如：都有名称，都可以实现一组接口，都可以参与依赖、泛化和关联关系，都可以被嵌套，都可以有实例，都可以参与交互。但它们之间也存在着以下明显的区别。

- 类是对实体的抽象，而构件是对存在于计算机中的物理部件的抽象。也就是说，构件是可以部署的，而类不能部署。
- 构件属于软件模块，与类相比，它们处于不同的抽象级别，构件就是由一组类通过协作完成的。

11.1.4 构件类型

构件的分类有两种方法：一种是按照构件在系统中的角色分；一种是按照构件本身的性质分。

1. 按照构件在系统中的角色分

按照构件在系统中承担的角色，可以将构件分为三种类型，即配置构件、工作产品构件和执行构件。

1）配置构件：组成系统的基础构件，是执行其他构件的基础平台，如操作系统、Java 虚拟机（JVM）、数据库管理系统都属于配置构件。

2）工作产品构件：这类构件主要是开发过程的中间产物，如创建构件时的源代码文件及数据文件都属于工作产品构件。这些构件并不直接参与系统运行。

3）执行构件：在运行时创建的构件。例如由 DLL 实例化形成的 COM + 对象、Servlets、XML 文档都属于执行构件。

2. 按照构件本身的性质分

1）系统级构件：用构造型《buildComponet》表示，为系统级开发而定义的构件。

2）实体构件：用构造型《entity》表示，表示业务概念的构件，保存永久信息。

3）没有接口的构件：用构造型《implementation》表示，本身没有接口说明，只是实现了构件功能，与《specification》构件形成依赖关系。

4）说明性构件：用构造型《specification》表示，只是提供了接口说明，没有实现构件功能，与《implementation》构件形成依赖关系。

5）处理事务的构件：用构造型《process》表示，处理事务的构件。

6）执行计算的构件：用构造型《service》表示，无状态，执行计算功能的构件。

7）子系统级构件：用构造型《subsystem》表示，该构件代表一个子系统。

11.2 构件的表示

在 UML 中，构件用一个矩形框表示，构件名写在矩形框中。有两种表示构件的方法：第一种方法是，在构件图标中不标识接口信息；第二种方法是，在构件图标中同时标识接口信息。

11.2.1 未标识接口的构件

当不需要标识接口信息时，构件的表示方法有三种格式，如图 11-10 所示的网卡（构件）的三种表示方法：第一种方法是在矩形框中写上构造型《component》，见图 11-10a；第二种方法是在矩形框的右上角放置一个构件图标，见图 11-10b；第三种方法是直接使用构件图标，见图 11-10c。

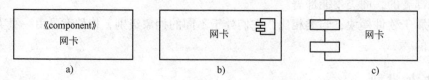

图 11-10　在构件图标中不标识接口信息
a）构造型表示　b）小图标表示　c）图标表示

11.2.2 标识了接口的构件

当需要在构件上标识接口信息时，构件的表示格式也有三种，如图 11-11 所示。

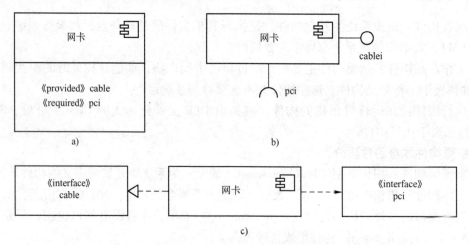

图 11-11　构件上标识接口信息
a）用分档表示接口　b）用图标表示接口　c）用构造型《interface》表示接口

1）使用分栏表示接口，见图 11-11a：在矩形框的第二栏中，用构造型《provided》和《required》分别标识供给接口名 cable 和需求接口名 pci。这种表示将构件的接口和内容都展示出来了，所以也称为构件的白盒表示法。

2）使用图标表示接口见图 11-11b：将接口的图标连接到构件的边框上。

3）使用构造型《interface》表示接口见图 11-11c：构件实现供给接口，用实现关系表示；构件依赖需求接口，用依赖关系表示。这种方法将构件与接口分开表示。

11.3 构件间的关系

构件图中的关系包括：构件与接口的关系；构件与构件间的关系。

（1）构件与构件间的关系

在构件图中，构件间的关系就是依赖关系。把提供服务的构件称为提供者，把使用服务的构件称为客户。

在 UML 中，构件图中依赖关系的表示方法与类图中依赖关系相同，虚线箭头由客户构件指向提供者。

如图 11-12 所示，构件 B 是客户，构件 A 是服务提供者，构件 B 使用构件 A 提供的服务。因此，构件 B 依赖于构件 A。

在系统分析阶段，我们只要确定构件之间的依赖关系即可（并用依赖箭头表示构件间的关系）。在设计阶段，必须把构件间的依赖关系具体化为供给接口与需求接口间的关系，即对依赖进行解耦。如对图 11-12 的依赖进行解耦后，得到如图 11-13 所示更具体的关系。

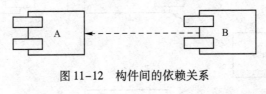

图 11-12　构件间的依赖关系

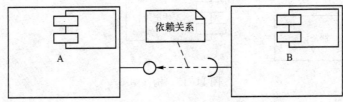

图 11-13　对依赖关系解耦

在设计阶段，将依赖关系转换为供给接口与需求接口间的依赖关系，即，确定各构件的供给接口和需求接口的详细要求和标准。

（2）构件与接口的关系

构件与接口的关系有实现关系和使用关系两种，如图 11-14 所示的构件与接口间的两种关系。

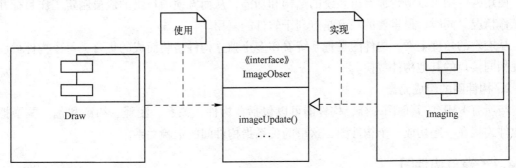

图 11-14　构件与接口间的关系

在图 11-14 中，ImageObser 接口定义了一些操作的集合（这些操作主要用来绘制图形），由构件 Imaging 来实现这些操作（ImageObser 是构件 Imaging 的供给接口）。构件 Draw 使用接口 ImageObser 中的操作进行图形绘制（ImageObser 是构件 Draw 的需求接口）。就是说，构件 Draw 依赖于构件 Imaging。

11.4 构件图分类

在构件图中，系统中的每个物理部件都使用构件符号来表示，通常，构件图看起来像是构件图标的集合，这些图标代表系统中的物理部件。构件图可以分为简单构件图和嵌套构件图两种。

构件图主要用于描述各种软件构件之间的依赖关系，例如可执行文件间的依赖关系、源文件之间的依赖关系。如图 11-15 所示便是一个典型的构件图。

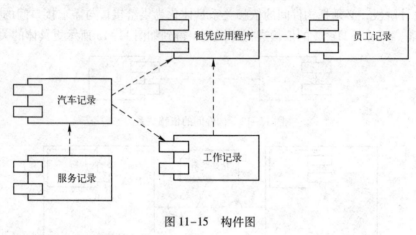

图 11-15　构件图

1. 构件图的作用

构件图的基本目的是：使系统人员和开发人员能够从整体上了解系统的所有物理部件；同时，也使我们知道如何对构件进行打包，以便交付给最终客户；最后，构件图显示了系统所包含的构件之间的依赖关系。

构件图从软件架构的角度来描述一个系统的主要功能，如系统分成几个子系统，每个子系统包括哪些类、包和构件，它们之间的关系以及它们分配到哪些结点上。

使用构件图可以清楚地看出系统的结构和功能，从而方便项目组的成员制定工作目标并了解工作情况，同时，最重要的一点是有利于软件的复用。

从宏观的角度上看，构件图是把系统看作多个独立构件组装而成的集合，每个构件可以被实现相同接口的其他构件替换。

2. 构件图的组成元素

与所有 UML 的其他图一样，构件图可以包括：构件、关系、注释、约束和包。关系把多个构件连接在一起构成一个构件图，这里的关系指构件间的依赖关系。

11.4.1　简单构件图

用户可以把相互协作的类组织成一个构件。利用构件图可以让软件开发者知道系统是由哪些可执行的构件组成的，这样以构件为单位来看待系统时，让开发者可以清楚地看到软件系统的体系结构。例如，图 11-16 所示就是一个"订单管理系统"的构件图局部。

图 11-16 中包含 3 个构件，它们是：Order（订单构件），Customer（客户信息构件），Product（产品库存构件）。

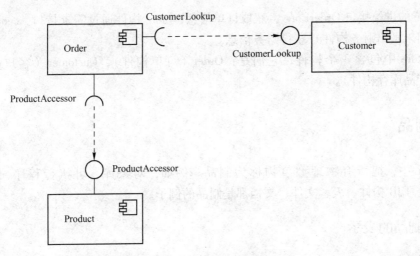

图 11-16　简单构件图

1）构件 Order 运行时，需要用到构件 Customer 和 Product。因此有两个需求接口，分别是 CustomerLookup 和 ProductAccessor。

2）构件 Customer 提供一个供给接口 CustomerLookup，通过这个接口与 Order 构件的需求接口连接实现通信，并为 Order 构件提供客户信息。

3）构件 Product 提供了一个供给接口 ProductAccessor，通过这个接口与 Order 构件的需求接口连接实现通信，并为 Order 构件提供产品库存信息。

11.4.2　嵌套构件图

有时需要使用嵌套构件图来表示构件的内部结构，如果对图 11-16 中的 3 个构件封装成一个更大的构件 Store，如图 11-17 所示是一个嵌套的构件图。

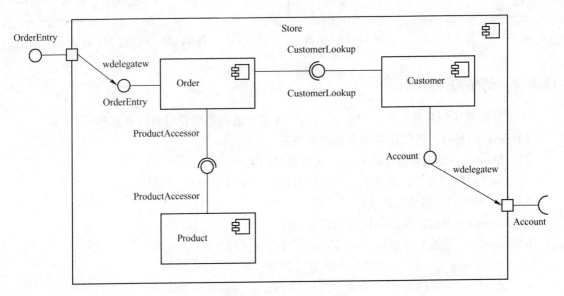

图 11-17　嵌套构件图

这张图描述了构件 Store 对外表现的供给接口 OrderEntry，需求接口 Account。外部其他构件使用 Store 的供给接口 OrderEntry，获取订单信息；Store 构件通过需求接口 Account，从财务构件（本图未画出财务构件）获得财务信息。

构件 Store 中包含 3 个构件，它们是：Order（订单构件），Customer（客户信息构件），Product（产品库存构件）。

11.5 制品

在 UML 中，把所有物理型事物称为制品。例如，对象库、可执行程序、COM 构件、.NET 构件、EJB 构件、表、文件、文档都是制品的例子。

11.5.1 制品的表示

每个制品都有一个区别其他制品的名称，如果制品名称前标有制品所属的包名，则这个制品名称为全名。制品用一个矩形框表示（制品的附件信息可以附加到矩形框中）。

制品常用构造型《artifact》标识。如图 11-18、图 11-19 所示是制品 home.java 的两种表示方法。图 11-20 标识了制品 dog.dll 的细节，即 dog.dll 制品由 kill.dll 和 bill.dll 组成，制品的细节写在第二个分栏中。

图 11-18　简单名　　　　图 11-19　全名　　　　图 11-20　标识了制品细节

11.5.2 制品的构造型表示

为了详细描述制品的特征，UML 为制品预先定义的构造型符号有以下几种。

1)《executable》：可以在结点上执行的制品。

2)《library》：动态或静态库程序，其文件名后缀是 .dll。

3)《file》：物理文件，也可能是可以执行的代码文件。

4)《document》：说明性的文件。

5)《script》：可以被解释器执行的脚本文件。

6)《score》：指源文件制品，可以编译为可以执行的文件。

7)《deloyment spec》：对部署的产品进行详细说明。

8)《database》：用来表示一个数据库，如 Oracle，sqlserver2005 等。

除以上预定义的制品外，设计师可以定义自己的构造型符号来表示特点类型的制品。

11.5.3　制品的种类

按制品创建的阶段性，可以将制品分为 3 种类型，即部署制品、中间制品和执行制品。

1）部署制品：一个可执行系统的充分又必要的制品。例如动态链接库和可执行程序就属于这类制品。

2）中间制品：这类制品是开发过程的中间产物。中间制品是用来创建部署制品的事物。这些制品并不直接地参与系统运行。

3）执行制品：系统运行时创建的制品。例如由 DLL 实例化形成的 COM + 对象、Servlets、XML 文档都属于这类制品。

11.5.4　制品与类的区别

制品与类的区别主要在以下三点。

1）类是对一组对象的描述，是一种逻辑抽象，类不能在结点上运行，而制品是一种物理存在的事物，可以运行在结点上。

2）制品是对计算机上比特流的封装。

3）类具有属性和方法，制品可由类的实例组成。但是制品本身没有属性和方法。

如图 11-21 所示，制品 dog. dll 由 head 类的实例、leg 类的实例和 body 类的实例通过动态链接构成。因此，dog. dll 依赖于 head、leg、body。

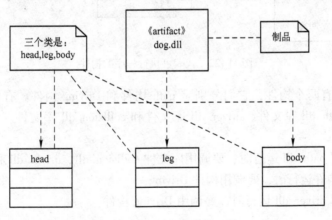

图 11-21　制品与类的区别

11.6　构件图应用

构件图描述了软件的组成和具体结构，表示了系统的静态部分，它能够帮助开发人员从总体上认识系统。用户通常采用构件图来描述可执行程序的结构、源代码、物理数据库组成和结构。

11.6.1　对可执行程序建模

通过构件图，可以清晰地表示出各个可执行文件、链接库、数据库、帮助文件和资源文件等其他可运行的物理构件之间的关系。在对可执行程序的结构进行建模时，通常应遵从以下原则。

1）首先标识要建模的构件。

2）理解和标识每个构件的类型、接口和作用。

3）标识构件间的关系。

例如，如图 11-22 所示，是通过构件图对一个自主机器人可执行程序的一部分进行建模。

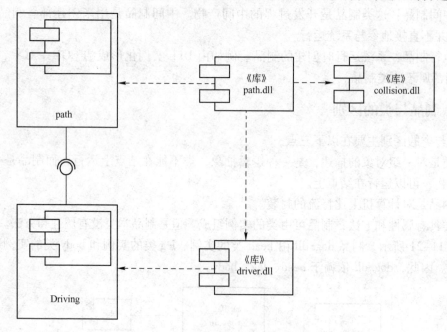

图 11-22 代表可执行程序的构件

图 11-22 中，有两个构件，它们分别是 path 构件和 Driving 构件。有三个动态链接库文件，它们分别是 path. dll 库文件、driver. dll 库文件和 collision. dll 库文件。下面说明构件的执行逻辑。

1）动态链接库 path. dll 运行时，要调用库文件 collision. dll、driver. dll 和构件 path；

2）构件 path 构件运行时，要调用构件 Driving；

3）动态链接库 driver. dll 运行时，要调用 Driving 构件。

11.6.2 对源代码进行建模

通过构件图可以清晰地表示出软件的所有源文件之间的关系，这样开发者就可以更好地理解各个源代码文件之间的依赖关系，所以对源文件建模就显得比较重要。在对源程序进行建模时，通常应遵从以下原则。

1）识别出要重点描述的每个源代码文件，并把每个源代码文件标识为构件。

2）如果系统较大，包含的构件很多，就利用包来对构件进行分组。

3）找出源代码之间的编译依赖关系，并用工具管理这些依赖关系。

4）给现有系统确定一个版本号，在构件图中，采用约束来表示源代码的版本号、作者和最后的修改日期等信息。

例如，某公司用 c 语言开发的家电管理子系统由 6 个文件组成，其中 2 个头文件是：hose. h 和 driver. h；4 个源文件是：qq. cpp、given. cpp、device. cpp、home. cpp。

如图 11-23 所示。其中，有 3 个文件是独立的，它们不依赖于任何文件，这 3 个文件分别是：hose. h、driver. h 和 device. cpp。其他 3 个文件的编译依赖关系如下。

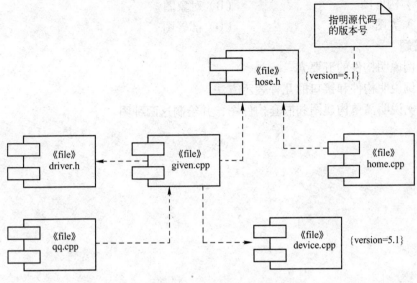

图 11-23   对源代码建模

1）given. cpp 文件。该文件依赖于 hose. h、device. cpp、driver. h，因此，当 hose. h、device. cpp、driver. h 文件之一发生改变时，必须重新编译 given. cpp。

2）qq. cpp 文件。该文件依赖于 given. cpp，而 given. cpp 依赖于 hose. h、device. cpp、driver. h，因此，当 hose. h、device. cpp、driver. h 和 given. cpp 文件之一发生改变时，必须重新编译 qq. cpp 文件。

3）home. cpp 文件。该文件编译依赖于 hose. h，当头文件 hose. h 发生改变时，必须重新编译 home. cpp 文件。

11. 7   小结

本章首先介绍了接口、端口和构件的概念以及构件的类型，表示法及构件间的关系，讲解了构件图的作用和表示方法；然后分别介绍了简单构件图和嵌套构件图，以及制品的概念，并举例说明了最为常见的构件图的应用，即对可执行程序建模和对源代码建模。

11. 8   习题

1. 选择题

（1）下面的_____元素组成了构件图？

（A）接口   （B）构件

（C）发送者   （D）依赖关系

（2）_____是系统中遵从一组接口且提供实现的一个物理部件，通常指开发和运行时类的物理实现。

（A）部署图   （B）构件

　　　　（C）类　　　　　　　　　　　（D）接口
（3）在 UML 中，提供了两种物理表示图形：_____和_____。
　　　（A）构件图　　　　　　　　　　（B）对象图
　　　（C）类图　　　　　　　　　　　（D）部署图

2. 问答题

（1）举例说明构件的五要素。

（2）举例说明构件和接口的几种表示方法。

（3）举例说明简单构建图和嵌套构件图，并绘制这两种图。

第12章 部 署 图

部署图（也称为配置图）用来显示系统中软件和硬件的物理架构。从部署图中，可以了解到软件和硬件组件之间的物理关系以及软件组件在处理结点上的分布情况。使用部署图可以显示运行时系统的组成和结构。

12.1 部署图的基本概念

部署图描述了系统中的硬件结点及结点之间如何连接的图。如图 12-1 所示是一个典型的部署图。该部署图描述了某酒店局域网组成。

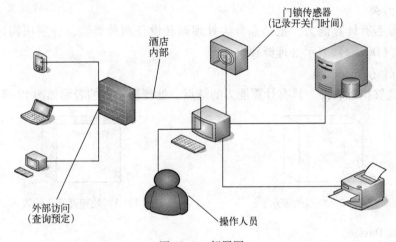

图 12-1 部署图

图 12-1 描述了服务台操作人员、工作站、门锁传感器、数据库服务器、防火墙、打印机等硬件设备及其连接方式。

1. 部署图的作用

一个 UML 部署图描述了一个运行时的硬件结点，以及在这些结点上运行的软件构件的静态视图。部署图显示了系统的硬件、安装在硬件上的软件，以及用于连接硬件之间的中间件。创建一个部署模型的目的如下。

- 描述与系统相关的问题。
- 描述与本系统相关的其他系统及其关系。其他系统可能是已经存在，或是将要引入的。
- 描述系统的组成和部署结构。
- 设计嵌入系统的硬件和软件的结构。
- 描述一个组织的硬件/网络基础结构。

2. 部署图的组成元素

部署图的组成元素包括结点、结点间的连接。连接把多个结点关联在一起，构成一个部署图。

12.2 部署图组成

部署图包含结点和连接两个部分。下面分别描述其语义和表示方法。

12.2.1 结点

结点代表一个运行时计算机系统中的硬件资源。结点通常拥有一些内存，并具有处理能力。例如一台计算机、一个工作站等其他计算设备都属于结点。

1. 结点的表示

在 UML 中，结点用一个立方体来表示。每一个结点都必须有一个区别于其他结点的名称。

结点的名称有两种表示方法：简单名字和带路径的名字。简单名字就是一个字符串，带路径的名字指在简单名字前加上结点所属的包名。如图 12-2 所示的立方体表示一个结点，其名称为 Node。

2. 结点的分类

按照结点是否有计算能力，把结点分为处理器和设备两种类型，分别用构造型《Processor》和构造型《Device》表示处理器和设备。

（1）处理器（Processor）

处理器是能够执行软件、具有计算能力的结点。处理器结点的表示如图 12-3 所示。

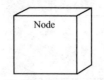

图 12-2　结点的表示

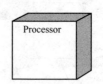

图 12-3　处理器结点的表示

（2）设备（Device）

设备是没有计算能力的结点，通常情况下都是通过其接口为外部提供某种服务，例如打印机、IC 读写器，如果系统不考虑它们内部的芯片，就可以把它们看作设备。设备结点的表示如图 12-4 所示。

3. 结点中的构件

当某些构件驻留在某个结点时，可以在该结点的内部描述这些构件，如图 12-5 所示。

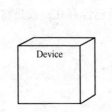

图 12-4　设备结点的表示

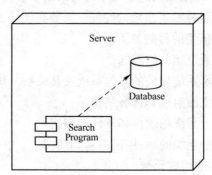

图 12-5　在结点 Server 中驻留了两个构件

对于一张部署图而言，最有价值的信息就是部署在结点上的制品。

4. 结点属性

像类一样，可以为一个结点提供属性描述，如处理器速度、内存容量、网卡数量等属性。可以为结点提供启动、关机等操作属性。

5. 结点与构件

结点表示一个硬件部件，构件表示一个软件部件。两者有许多相同之处，例如两者都有名称，都可以参与依赖、泛化和关联关系，都可以被嵌套，都可以有实例，都可以参与交互。但它们之间也存在明显的区别：构件是软件系统执行的主体，而结点是执行构件的物理平台；构件是逻辑部件，而结点表示是物理部件，我们在物理部件上部署构件。

12.2.2　连接

部署图用连接表示各结点之间的通信路径，连接用一条实线表示。人们通常关心的是结点之间如何连接，因此描述结点间的关系一般不使用名称，而是使用构造型描述。如图 12-6 所示是结点之间连接的例子。

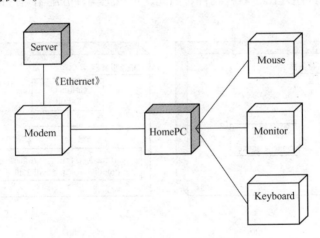

图 12-6　结点之间连接的例子

12.3　部署图应用

在实际的应用中，部署图主要用在设计和实现两个阶段。

12.3.1　设计阶段的部署图

在设计阶段，部署图主要用来描述硬件结点以及结点之间的连接，如图 12-7 所示，是某公司局域网络的三台服务器的连接图。

图 12-7 并没有描述结点内的构件以及构件间的关系。因为在设计阶段，还没有创建出软件构件。

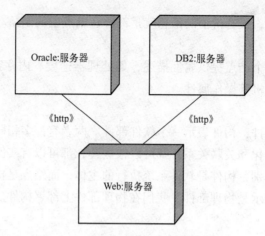

图 12-7　仅描述硬件结点的部署图

12.3.2　实现阶段的部署图

在实现阶段，已经生产出了软件构件，因此，可以把构件分配给对应的结点，该阶段的部署图如图 12-8 所示。

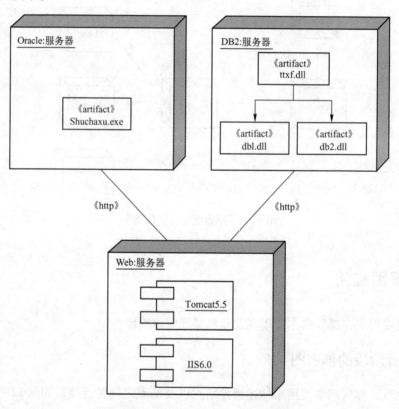

图 12-8　描述了结点内构件的部署图

可以看出，图 12-8 是对图 12-7 的细化。

实际应用当中，部署图主要用来对嵌入式系统、客户机/服务器系统、分布式系统进行建模，而且能够起到很好的作用。

12.4　小结

本章首先介绍了部署图中结点、连接以及结点中包含元素的概念和结点表示方法，并将结点分为两类，即处理器和设备，最后阐明了部署图的应用领域。

12.5　习题

1. 什么是结点，结点与构件有什么区别？
2. 举例说明一个结点包含的语义。
3. 用一个例子说明部署图的应用。

第13章 用 例 图

用例图描述了外部参与者所能观察到的系统功能。用例图主要用于对系统、子系统的功能建模。

13.1 用例图的基本概念

1. 用例图

用例图描述了用例之间，用例与参与者之间的关系。与所有 UML 的其他图一样，用例图可以包括注释、约束、包。如图 13-1 所示是 ATM 系统的用例图。

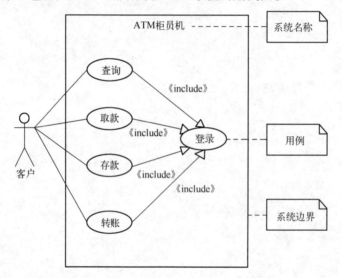

图 13-1　ATM 系统的用例图

图中的元素包括参与者（客户）、用例（查询、存款、取款、转账）、一个方框（系统边界）和四条连接线（表示客户与用例之间的通信）。

在绘制用例图时，所有的用例应该绘制在方框之内。所有的参与者绘制在方框之外。

2. 用例图的作用

用例图展示了用例之间以及用例与参与者之间是怎样相互通信的。用例呈现了系统提供的功能。

3. 用例图的组成元素

用例图的组成元素包括用例、参与者、关系（用例间的关系、参与者之间的关系、参与者与用例之间的关系）。

13.2 参与者和用例

一个系统由多个用例组成。参与者是系统外部的一个实体，它以某种方式与系统交互。参与者请求系统执行用例，以获得参与者需要实现的目标。

13.2.1　参与者

参与者是为了实现某个目标而与系统进行交互的实体。参与者是一种类型、一种角色，而不是一个具体的人、设备、外部系统。同一人可以扮演不同的角色，因此，同一个人可以充当不同的参与者。

1. 参与者的表示

参与者有两种表示方法（一种是图标表示，另一种是人形表示），如图 13-2 所示。

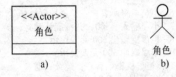

图 13-2　参与者的两种表示法
a）图标表示　b）人形表示

2. 参与者分类

参与者可能是人、其他系统、硬件设备、时钟。对参与者有以下两种分类方法。

（1）按参与者本身的性质分

- 其他系统：当系统需要与其他系统交互时，如 ATM 柜员机系统执行时，需要银行后台系统支持，因此，对 ATM 柜员机来说，银行后台系统就是一个参与者。
- 硬件设备：如对计算机的 CPU 来说，寄存器就是参与者，CPU 执行时需要寄存器的支持。
- 时钟：对定时器来说，外部时钟就是参与者，时钟触发定时器启动。
- 人：如使用工资管理系统的人就是工资管理系统的参与者。

（2）按参与者的重要性分

与某个用例交互的参与者可能有多个，按参与者对用例的重要性分为以下两类。

- 主要参与者：用例执行时，主要参与者是从系统中获得可度量价值的用户。通常，在绘制用例图时，我们把主要参与者绘制在系统边界的左边。
- 次要参与者：在用例执行时，次要参与者为系统提供服务，支持系统运行。通常，在绘制用例图时，我们把次要参与者绘制在系统边界的右边。

3. 参与者的命名

参与者的名称是一种角色（即，用角色命名参与者），而不是一个具体的对象（人，或事物）。某个人或者其他外部系统都能够扮演这些角色。例如，小李是一个负责订单处理的职员，小王是一个销售经理，他们都可以处理订单。所以，可将"订单处理者"定义为处理订单的角色。

13.2.2　用例

用例是对一组场景共同行为的抽象和描述，场景就是用例的一次完整的、具体的执行路径（路径由一序列操作构成）。用例与场景的关系如同类与对象的关系，用例是一种类型，而不是具体的动作，用例应该给参与者带来可见的价值。

1. 场景

在系统中，为了实现某种功能，按照某个顺序执行了一系列相关的动作的集合称为场景。下面列举两个取款场景的例子。

（1）小邓取款场景

下面是小邓通过银行柜员机（ATM 系统）取款 300 元的场景，如表 13-1 所示。

表 13-1 小邓取款 300 元的场景

场 景 名 称	小邓取款 300 元
参与者	小邓
事件流	

1. 小邓将银行卡插入柜员机
2. 柜员机请求输入密码
3. 小邓输入卡密码，并按确认键
4. 柜员机提示客户：选择服务类型
5. 小邓选择取款服务
6. 柜员机提示客户：选择取款数额
7. 小邓输入：300，并按确认键
8. 柜员机输出 300 元人民币
9. 小邓取回 300 元人民币
10. 柜员机提示客户：继续、退卡
11. 小邓选择服务：退卡

（2）小李取款场景

下面是小李通过银行柜员机（ATM 系统）取款 500 元的场景，如表 13-2 所示。

表 13-2 小李取款 500 元的场景

场 景 名 称	小李取款 500 元
参与者	小李
事件流	

1. 小李将银行卡插入柜员机
2. 柜员机请求输入密码
3. 小李输入卡密码，并按确认键
4. 柜员机提示客户：选择服务类型
5. 小李选择取款服务
6. 柜员机提示客户：选择取款数额
7. 小李输入：500，并按确认键
8. 柜员机输出 500 元人民币
9. 小李取回 500 元人民币
10. 柜员机提示客户：继续、退卡
11. 小李选择服务：退卡

从表 13-1、表 13-2 可以知道，只要是取款的客户，他们的操作步骤是一样的，只是登录密码和取款的具体数目不同，我们对所有取款场景的共同行为进行抽象，得到一个"取款"用例，这个用例能够描述所有客户的取款行为，如表 13-3 所示。

表 13-3 取款用例

用 例 名 称	取款
参与者	客户
事件流	

1. 将银行卡插入柜员机
2. 柜员机请求输入密码
3. 输入卡密码，并按确认键
4. 柜员机提示客户：选择服务类型
5. 选择取款服务类型
6. 柜员机提示客户选择取款数额
7. 输入取款金额，并按确认键
8. 柜员机输出人民币
9. 客户取回人民币
10. 柜员机提示客户：继续、退卡
11. 客户选择退卡

事件流：用例执行操作时的有序集合称为事件流。

2. 用例的表示

在 UML 表示法中，用例用一个带名称的椭圆形表示，这个名称（用例名）描述了参与者的目标。参与者与用例之间用直线表示，直线表示了参与者与用例间的通信。用例可以连接到一个或者多个参与者。例如，客户在与 ATM 系统的交互过程中，客户的目标之一是向账户中存款。如图 13-3 所示给出了存款用例的表示方法。

类、接口可以封装在包中，同理，多个用例也可以封装在一个包中，因此，表示用例的方法有两种：用例名前标识包名和用例名前不标识包名。

假设存款用例名是：UC001，该用例封装在 ATM 包中，则标识该用例名的两种方法如下：

1）简单名标识法：只标识用例名，没有标识用例所属的包，如图 13-4 所示。

2）全名标识法：在用例名前标识了用例所属的包，如图 13-5 所示。

图 13-3　客户与存款用例　　　图 13-4　UC001　　　图 13-5　ATM::UC001

13.3　参与者之间的关系

13.3.1　识别参与者

需求获取的第一步是寻找参与者，这一步确定系统的边界。开发者通过回答下面问题来寻找参与者。

1）系统支持哪些用户组完成他们的工作？

2）哪些用户执行系统的主要功能？

3）哪些用户执行次要功能？谁维护或管理系统？

4）与系统进行交互的外部硬件和软件系统有哪些？

在确定参与者时，可以通过以下一些常见的问题来帮助分析：谁安装这个系统、谁启动这个系统、谁维护这个系统、谁关闭这个系统、哪些系统使用这个系统、谁从这个系统获取信息、谁为这个系统提供信息、是否有事情自动在预计的时间发生（说明有定时器）、系统是否需要与外部实体交互以帮助自己完成任务。

一旦标识出所有参与者后，需求获取的下一步活动是寻找每一个参与者需要执行哪些功能？参与者需要辅助某个模块完成哪些任务？通过这些活动和提问获取用例。

13.3.2　参与者间的关系

参与者是一种类型，而不是某个具体的人、物和设备，因此，可以将参与者之间的关系进行泛化。参与者泛化可以简化模型，并使模型更简洁。

例如，图书管理系统的参与者有读者、学生和教师。学生和教师是读者的子类，读者是学生和教师的父类。用 UML 图表示他们之间的泛化关系，如图 13-6 所示。

图 13-6 表明，读者可以借书和还书，因此，其子类（学生和教师）也可以借书和还书。

即子类继承了父类所关联的用例。

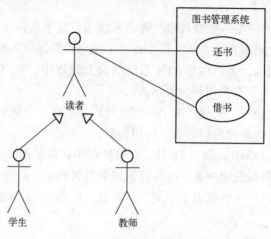

图 13-6　参与者是泛化关系

13.4　用例之间的关系

在做需求分析时，当标识出了参与者后，下一步就是识别用例、组织用例。所谓组织用例，就是首先识别基本用例，其次，从基本用例中识别包含用例、扩展用例和父用例，最后，把系统中的用例组织成一个用例图。

UML 有三种用例关系：包含关系、扩展关系和泛化关系。下面详细讨论这三种关系。

13.4.1　包含关系

在开发用例模型的过程中，我们会发现一些用例包含了一些相同的操作，一些用例与其他用例比较，多出了一些额外的操作。如图 13-7 所示，"取款"、"存款"、"查询余额"三个用例都要求用户登录到 ATM 系统，都包含了登录操作行为。为了有效地组织用例，可以从上面三个用例中抽取共同的操作（事件流中 1～4 步操作相同），将这些操作抽取出来，封装为一个单独的用例，给它取名为"登录账户"。然后，分别在三个用例中调用这个"登录账户"用例。

图 13-7　取款、存款和查询余额用例

当把公共行为（事件流中 1～4 步操作相同）从三个用例中抽出来封装为"登录账户"用例后，原先的三个用例就分成了四个用例，如图 13-8 所示。

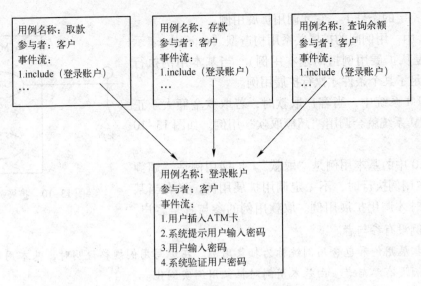

图 13-8　从三个用例中提取"登录账户"用例

　　包含是指一个用例调用另一个用例时，被调用的用例称为**包含用例**，调用包含用例的用例是**基本用例**。

　　在 UML 中，用例间的包含关系用构造型《include》表示，它是指在基本用例内部的某一个位置上显式地调用另一个用例。在包含关系中，箭头由基本用例指向包含用例。

　　例如，在 ATM 系统中，多个用例都调用了包含用例"登录账户"，比如"取款"、"存款"和"查询余额"等用例都调用了包含用例"登录账户"，如图 13-9 所示。

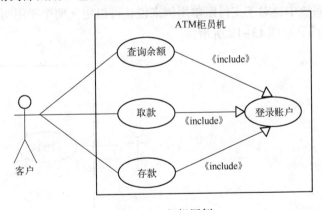

图 13-9　组织用例

　　如图 13-9 所示中的基本用例有：查询余额、取款、存款。包含用例是：登录账户。基本用例执行时，必定调用包含用例。三个基本用例的参与者是客户，登录账户用例没有参与者。

13.4.2　扩展关系

　　如果两个用例相似，其中 A 用例由较少的操作步骤构成，B 用例由较多的操作步骤构成，B 用例包含了 A 用例，B 用例减去 A 用例后的剩余部分在满足某个条件下才会执行，这时，可以把 A 用例定义为基本用例，把 B 用例中减去 A 用例后的剩余部分定义为扩展用例。

　　我们使用 «extend» 标识基本用例与扩展用例间的关系。基本用例独立于扩展用例而存在，只是在特定的条件下，它才调用扩展用例。

在 UML 中，用例间的扩展关系用构造型《extend》表示（箭头方向是从扩展用例指向基本用例）。当基本用例执行时，如果满足了某个条件才执行扩展用例。

例如 ATM 系统中，当客户取款时，若取款金额大于正常数额，ATM 系统就会调用"超额取款"用例。如图 13-10 所示。

图 13-10 中的基本用例是"取款"。扩展用例是"超额取款"。基本用例执行时，不一定调用扩展用例，只有当某个条件成立时才调用扩展用例。取款用例的参与者是客户，超额取款用例没有参与者。

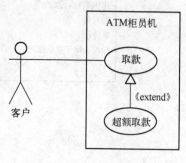

图 13-10　扩展关系

注意：扩展用例和包含用例统称为抽象用例。在编写用例规格说明时，基本用例才有参与者，抽象用例没有参与者。由基本用例对抽象用例实例化。

13.4.3　泛化关系

在 UML 中，用例的泛化关系和类图中的泛化关系是一样的。用例的泛化就是从多个子用例中抽取共同的行为组成父用例，在这种关系中，父用例的行为被子用例继承或覆盖。泛化关系如图 13-11 所示。

在泛化关系中，子用例可以继承父用例中的行为、关系和通信链接。换句话说，子用例可以代替父用例。

例如，在 ATM 系统中，对于支付账单用例来说，可以定义两个子用例，它们是："信用卡支付"和"现金支付"，如图 13-12 所示。

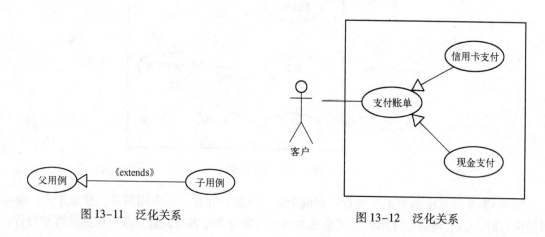

图 13-11　泛化关系

图 13-12　泛化关系

13.5　参与者与用例之间的关系

参与者与用例之间是关联关系，表示了参与者与用例间的通信，这里的通信是双向的。用一条实线表示，由参与者指向用例，如图 13-13 所示。

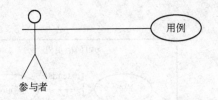

图 13-13　参与者与用例之间是关联关系

13.6　组织用例

组织用例就是根据用例之间的关系，把它们有效地组织在一起。从用户的角度看，有的用例实现了用户的目标，我们把能实现用户目标的用例称为**基本用例**；把辅助用户实现目标的用例称为**抽象用例**。总之，基本用例是指那些对用户而言有价值的用例。基本用例执行后能直接实现用户的目标；扩展用例和包含用例统称为抽象用例。

一旦在系统中识别出了一组用例后，我们就对这组用例进行比较。如果一组用例中有相同的操作，我们就把相同的操作抽取出来封装为**包含用例**；若某个用例比其他用例多出部分操作，我们就把多出的操作封装为**扩展用例**。这样，系统就由一组基本用例、包含用例和扩展用例组成。基本用例可以直接由参与者实例化，它本身可以实现用户观测到的价值；包含用例和扩展用例由基本用例实例化（即抽象用例没有参与者）。因此，从用户角度来看，抽象用例不能实现用户的完整目标，他们只是辅助基本用例实现用户的目标。例如，在图 13-9 中，像"登录账户"这样的用例是一个包含用例，因为用户的最终目标并不是为了登录到系统。如果用户登录到 ATM 机器，登录系统后离开而不进行任何交易，这个用户并没有实现他的目标。用户登录到 ATM 系统的最终目标是："取款"、"查询余额"和"存款"等，这些用例才能实现用户的最终目标。

场景分为普通场景和可选场景。基本用例实例化得到普通场景；一个扩展用例实例化得到可选场景。

如图 13-14 所示给出了一部分 ATM 系统的用例模型。"取款"是一个基本用例，因为它是用户成功登录系统后的普通场景，它指定交易类型并输入取款的有效金额。"超额取款"属于扩展用例，该用例是为基本用例"取款"服务的。

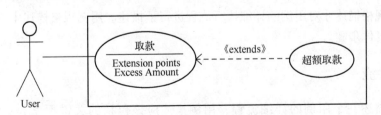

图 13-14　基本用例中的扩展点

参与者直接调用基本用例，由基本用例对抽象用例进行实例化（实例化指执行用例的具体操作行为）。基本用例类似主程序，抽象用例类似于子程序。

如图 13-15 所示，将 ATM 系统分解为基本用例（取款、存款和转账）和抽象用例（登录账户、超额取款）两类。三个基本用例与"登录账户"用例是包含关系，"取款"用例与"超额取款"用例是扩展关系。客户实例化三个基本用例，由基本用例实例化两个抽象用例。

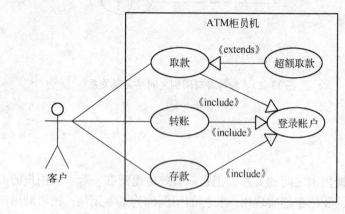

图 13-15　用关系组织用例

注意：

1）通常只有在已经定义了所有用例之后才能识别和提取不同用例中共同的行为。然后设计师可以将这些共同行为提取出来形成单独的抽象用例（扩展用例或者包含用例），供其他用例使用。

2）设计师组织用例时，关注的是用户最终目标。因此，把"登录账户"用例作为基本用例是一种常见的错误。某些设计师错误地认为，用户在执行诸如"取款"或者"存款"之类的任务时需要首先登录系统，结果，他们错误地将"登录账户"作为一个基本用例，而将"取款"和"存款"作为抽象用例。实际上，两个基本用例应该是"取款"和"存款"。"登录账户"只能是包含用例，因为，取款和存款才是用户的目标。

13.7　用例规格描述

用例模型只关注系统的外部执行结果，它表示了系统由那些用例组成，以及用例具有的功能。用例模型显示了系统能做什么以及谁使用系统，然而，用例并没有描述系统具体执行的细节。

只有用例规格描述才对用例的详细执行流程进行了描述。用例规格描述中的事件流描述了用例执行时的具体步骤。

13.7.1　事件流

为了全面描述一个用例的详细流程，用例描述应该包括的关键要素是：用例何时开始（前置条件）、何时结束（后置条件）、参与者何时与用例交互、交换了什么信息，以及用例执行的基本事件流和扩展事件流。

事件流就是用例执行时，由一序列活动组成的控制流。事件流分为基本事件流和扩展事件流两种。事件正常执行成功的控制流称为基本事件流，事件执行出现意外情况时的控制流称为扩展事件流。事件流模型如图 13-16 所示。

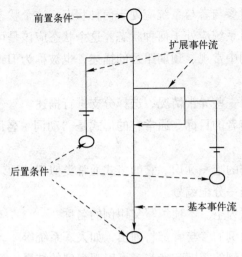

图 13-16　事件流模型

13.7.2　用例模板

用例描述有两种格式：一种是自然语言格式，另一种是表格形式。表 13-4 所示就是一个经典的表格形式，其中用斜体字显示的项目是必须编写的部分。

表 13-4　用例描述模板

用例编号	为用例制定一个唯一的编号，通常格式为 UCxx	
用例名称	应为一个动词短语，让读者一目了然地知道用例的目标	
用例概述	用例的目标，一个概要性的描述	
范围	用例的设计范围	
主参与者	该用例的主参与者（Actor），在此列出名称，并简要地描述它	
次要参与者	该用例的次要参与者（Actor），在此列出名称，并简要地描述它	
项目相关人利益说明	项目相关人	利益
	项目相关人员名称	从该用例获取的利益
	……	……
前置条件	启动该用例时，应该满足的条件	
后置条件	该用例完成之后，将执行什么动作	
成功保证	描述当前目标完成后，环境变化情况	
基本事件流	步骤	活动
	1	在这里写出触发事件到目标完成以及清除的步骤
	2	……（其中可以包含子事件流，以子事件流编号来表示）
扩展事件流	1a	1a 表示是对 1 的扩展，其中应说明条件和活动
	1b	……（其中可以包含子事件流，以子事件流编号来表示）
子事件流	对多次重复的事件流可以定义为子事件流，这也是抽取被包含用例的地方	
规则与约束	对该用例实现时需要考虑的业务规则、非功能需求、设计约束等	

前置条件：用例启动时参与者与系统应处于何种状态。这个状态应该是可观测的。

后置条件：用例结束时系统应处于何种状态。这个状态应该是可观测的。

基本事件流：是对用例中常规、预期路径的描述，也被称为 Happy day 场景，它体现了系统的主要功能。

扩展事件流：主要是对一些异常情况、选择分支进行描述。

用例名称：描述了参与者的目标。通常它的形式是"动词 + 名词词组"，或者"动词 + 名词"，如取款。

用例编号：分配给用例的唯一标识。它的格式通常类似于"UC + 编号"，如 UC100。为了便于引用，给开发的系统统一分配编号。

超级用例：这一项可以为空。本项填写父用例的名称。

参与者：所有参与本用例的参与者都将列出，如人、系统等。

简要描述：简要描述用例的范围和参与者可以观察到的结果。

优先级：从开发团队的角度出发，指出该用例在开发日程表中的优先级。总是为那些架构上非常重要的用例分配较高的优先级。类似地，较高的优先级还应该分配给那些被认为是比较困难或者有很多不确定因素和风险的用例。在开发日程中，应该首先分析和开发那些高优先级用例。

如果按照硬件结点或者软件子系统衡量优先级，当某个用例涵盖了很大范围，那么就应该认为该用例在架构上非常重要。例如，"取款"用例涵盖了 ATM 系统很大的范围，如磁卡认证、账户登录、账户选择、金额输入等。按照硬件结点，它的执行涉及 ATM 取款机、中心银行计算机和单个银行计算机的协作。另一方面，与"取款"用例比较而言，"检查余额"用例就没有那么重要了。

其他流和例外：该部分描述了用例在事件流中没有涵盖的例外情况下的执行流程。

非行为需求：描述了性能、用户界面等要求。例如，口令只能是数字，口令长度不能超过 8 个字符，这些都是性能需求。

问题：与用例相关的所有重要问题都需要解决。例如，用户界面对于不同银行的客户是否需要定制？

来源：这个部分包含在开发用例时用到的参考资料，比如备忘录、会议等。

13.7.3 用例优先级

根据系统的规模，应该首先开发那些在架构上非常重要的用例，其次，开发那些可选的或者重要性相对较低的用例。

首先开发优先级较高的用例的目的是尽可能早地降低风险和不确定性。如果某个因素对系统的影响较大，则以该因素为标准来确定用例的优先级。例如，如果系统包含了一些开发团队不熟悉的技术，开发者就应该找出与该技术相关的用例，并以该技术为指标来确定用例的优先级。通常可能会提高用例优先级的因素有下面几种。

- 对软件架构影响较大的因素。
- 使用了未经测试的新技术。
- 一些没有确定的因素。

- 能明显提高业务处理效率的用例。
- 支持主要业务过程的用例。

在确定用例优先级时，常常采用高—中—低方案来指定用例的优先级，对用例进行排序。如果需要更加精确的排序，可以为每项因素指派一个分值，然后将每个用例的分值总和用于排序。

13.7.4 用例粒度

用例的粒度是指用例执行时包含步骤的多少。按照用例从大到小将用例分成 3 个层次，即概述级、用户目标级和子功能级。下面以读者阅读图书为例说明用例的 3 个级别。

1. 概述级

概述级是指参与者把整个系统看成一个用例，如图 13-17 所示。

2. 用户目标级

用户目标级是对概述级进一步细化，如图 13-18 所示。

图 13-17　概述级　　　　　　　　　图 13-18　用户目标级

3. 子功能级

子功能级是对用户目标级用例的进一步细化，如图 13-19 所示。

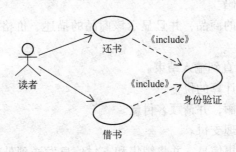

图 13-19　子功能级

13.8　用例描述实例

用例模板有各种格式。自 20 世纪 90 年代早期以来，使用最为广泛的格式是 Alistair Cockburn 创建的模板。下面的用例描述就是采用这种风格。

用例 UC1：处理销售

范围：NextGen POS 应用

级别：用户目标

主要参与者：收银员

涉众及其关注点：

−收银员：希望能够准确、快速地输入，而且没有支付错误，因为如果少收货款，将从其薪水中扣除。

−售货员：希望自动更新销售提成。

−顾客：希望以最少代价完成购买活动并得到快速服务。希望便捷、清晰地看到所输入的商品项目和价格。希望得到购买凭证，以便退货。

−公司：希望准确地记录交易，满足顾客要求．希望确保记录了支付授权服务的支付票据。希望有一定的容错性，即使在某些服务器构件不可用时（如远程信用卡验证），也能够完成销售。希望能够自动、快速地更新账务和库存信息。

−经理：希望能够快速执行超控操作，并易于收银员的不当操作。

−政府税收代理：希望能从每笔交易中抽取税金。可能存在多级税务代理，比如国家级、州级和县级。

−支付授权服务：希望接受到格式和协议正确的数字授权请求。希望准确计算对商店的应付款。

前置条件：收银员必须经过确认和认证。

后置条件：存储销售信息；准确计算税金；更新账务和库存信息；记录提成；生成票据；记录支付授权信息。

基本流程：

1. 顾客携带所购商品或服务到收银台通过 POS 机付款。

2. 收银员开始一次新的销售交易。

3. 收银员输入商品条码。

4. 系统逐条记录出售的商品，并且显示该商品的描述、价格和累积额。价格通过一组价格规则来计算。

收银员重复 3~4 步，直到输入结束。

5. 系统显示总额和所计算的税金。

6. 收银员告知顾客总额，并请顾客付款。

7. 顾客付款，系统处理支付。

8. 系统记录完整的销售信息，并将销售和支付信息发送到外部的账务系统（进行账务处理和提成）和库存系统（更新库存）。

9. 系统打印票据。

10. 顾客携带商品和票据离开（如果有）。

扩展事件流（下面是部分扩展事件流）：

1a. 经理在任意时刻要求进行的操作：

1. 系统进入经理授权模式。

2. 经理或收银员执行某一经理模式的操作。例如，变更现金结余，恢复其他登录者中断的销售交易，取消销售交易等。

3. 系统回到收银员授权模式。

1b. 系统在任意时刻失败:

为了支持恢复和更正账务处理，要保证所有交易能够从任何一个中断点上完全恢复。

    1. 收银员重启系统、登录、请求恢复上次状态。

    2. 系统重建上次状态。

2a. 客户或经理需要恢复一个中断的销售交易。

    1. 收银员执行恢复操作，并且输入销售 ID，以提取对应的销售交易。

    2. 系统显示被恢复的销售交易状态及其金额合计。

3a. 未发现对应的销售交易。

    1. 系统向收银员提示错误。

    2. 收银员可能需要建立一个新的销售交易，并重新输入所有商品。

2b. 系统内不存在该商品 ID，但是该商品附有价签。

    1. 收银员请求经理执行超级别操作。

    2. 经理执行相应的超级别操作。

    3. 收银员选择手工输入价格，输入商品标签上的价格，并且请求对该价目进行标准计税。

特殊要求:

1. 使用大尺寸平面显示器触摸屏 UI。

2. 90% 的信用卡授权响应时间小于 30 秒。

3. 由于某些原因，我们希望在访问远程服务（如库存系统）失败的情况下具有比较强的恢复功能。

4. 支持文本显示的语言国际化。

未决问题:

1. 研究远程服务的恢复问题。

2. 针对不同业务需要怎样进行定制?

3. 收银员是否必须在系统注销后带走他们的现金抽屉?

4. 顾客是否可以直接使用读卡器，还是必须有收银员完成。

此例足以让读者体会到详述用例能够记录的大量需求细节。此例将能够成为解决众多用例问题的模型。

13.9 用例建模要点

构建结构良好的用例需做到以下四个方面。

1）为系统中单个的、可标识、合理的原子行命名。

2）将公共的行为抽取出来，放到一个被包含用例中，再将它《include》进来。

3）对于变化部分，将其抽取出来，放到一个扩展用例（用《extent》连接）中。

4）清晰地描述事件流，使读者能够轻而易举地理解。

构建结构良好的用例图应做到：摆放元素时，应该避免交叉线的出现；对于语义上接近的行为和角色，最好使它们在物理上也更加接近；根据系统实际情况控制粒度。

13.10 小结

本章详细地阐述了参与者和用例的概念，结合"ATM系统"的用例图，讲解了系统边界、包含关系、扩展关系以及泛化关系，并在此基础上介绍了用例描述的方法、格式及相关的要点。

13.11 习题

1. 填空题

（1）由参与者、用例以及它们之间的关系构成的用于描述系统功能的动态视图称为_____。

（2）用例图的组成要素是_____、_____和_____。

（3）用例图中的主要关系有_____、_____和_____。

（4）用例图中以实线方框表示系统的范围和边界，在系统边界内描述的是_____，在边界外描述的是_____。

2. 问答题

（1）用例图由哪几部分组成？

（2）简述用例之间的关系，参与者之间的关系，参与者与用例之间的关系。

（3）在用例图中，参与者属于系统范围之内吗？

（4）用例和场景之间是什么关系？

（5）请举例说明用例之间的扩展、泛化、包含3种关系。

第 14 章　Rose 的双向工程

双向工程包括正向工程和逆向工程。正向工程指把设计模型映射为代码；逆向工程是指将代码转换成设计模型。

14.1　双向工程简介

正向和逆向工程结合在一起构成双向工程。双向工程提供了一种机制，它使系统架构或者设计模型与代码之间进行双向转换。

正向工程把设计模型转换为代码框架，开发者不需要编写类、属性、方法代码。一般情况下，开发人员将系统设计细化到一定的级别，然后应用正向工程把设计模型映射为代码框架。

逆向工程是指把代码转换成设计模型。在迭代开发周期中，一旦某个模型作为迭代的一部分被修改，采用正向工程把新的类、方法、属性加入代码；同时，一旦某些代码被修改，采用逆向工程将修改后的代码转换为设计模型。

自从 1997 年正式发布 UML 以后，出现了许多 UML 建模工具。其中最具代表性的两款 UML 工具是 Sparx Systems 的 Enterprise Architect 和 IBM 的 Rational Rose。

14.2　正向工程

正向工程是指把 Rose 模型中的一个或多个类图转换为 Java 源代码的过程。Rational Rose 中的正向工程是以组件为单位的（即把模型转换为 Java 源代码是以组件为单位的，不是以类为单位的）。所以，创建一个类后需要把它分配给一个有效的 Java 组件。如果模型的默认语言是 Java，Rose 会自动为这个类创建一个组件。

当对一个设计模型元素进行正向工程时，模型元素的特征会映射成 Java 语言的框架结构。例如，Rose 中的类会通过它的组件生成一个 .Java 文件，Rose 中的包会生成一个 Java 包。另外，当把一个 UML 包进行正向工程时，将把属于该包的每一个组件都生成一个 .java 文件。

Rose 工具能够使代码与 UML 模型保持一致，每次创建或修改模型中的 UML 元素，它都会自动进行代码生成。默认情况下，这个功能是关闭的，可以通过【Tools →Java → Preject Specification】命令打开该功能，选择 Code Generation 选项卡，选中 Automatic SynchronizationM 复选框，如图 14-1 所示。

图 14-1 所示的 Code Generation 选项卡是代码生成时

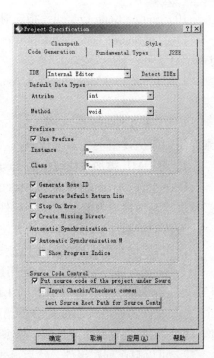

图 14-1　打开自动同步

最常用的一个选项卡。下面对该选项卡中的选项做详细的介绍。

1）IDE：指定与 Rose 相关联的 Java 开发环境。下拉列表框中列出了系统注册表中的 IDE。Rose 可以识别的开发环境有以下几种：VisualAge for Java、VisualCafe、Forte for Java 以及 JBuilder。默认的 IDE 是 Rose 内部编辑器，它使用 Sun 的 JDK。

2）Default Data Types：该项用来设置默认数据类型，当创建新的属性和方法时，Rose 就会使用这个数据类型。默认情况下，属性的数据类型是 int，方法返回值的数据类型是 void。

3）Prefixes：该项设定默认前缀（如果有），Rose 会在创建实例和类变量时使用这个前缀。默认不使用前缀。

4）Generate Rose ID：设定 Rose 是否在代码中为每个方法都加唯一的标识符。Rose 使用这个 RoseID 来识别代码中名称被改动的方法。默认情况下，将生成 RoseID；如果取消选中 Automatic SynchronizationM 复选框，就需要打开该功能。

5）Generate Default Return Line：设定 Rose 是否在每个类声明后面都生成一个返回行。默认情况下，Rose 将生成返回行。

6）Stop on Error：设定 Rose 在生成代码时，是否在遇到第一个错误时就停止。默认情况下这一项是关闭的，因此即使遇到错误，也会继续生成代码。

7）Create Missing Directories：如果在 Rose 模型中引用了包，这项将指定是否生成没有定义的目录。默认情况下，这个功能是开启的。

8）Automatic Synchronization Mode：当选中该复选框时，Rose 会自动保持代码与模型同步，也就是说代码中的任何变动都会立即在模型中反映出来，反过来也是一样。默认情况下，没有使用这个功能。

9）Show Progress Indicator：指定 Rose 是否在遇到复杂的同步操作时显示进度栏。默认情况下不会显示。

10）Source Code Control：指定对哪些文件进行源码控制。

11）Put source code of the project under Source Control：是否使用 Rose J/CM Intergration 对 Java 源代码进行版本控制。

12）Input Checkin/Checkout comment：指定用户是否需要对检入/检出代码的活动进行说明。

13）Select Source Root Path for Source Control：选择存放生成的代码文件的路径。下面将详细介绍如何从模型生成 Java 代码。

1. 将 UML 类加入模型中的 Java 组件

Rose 会将 .java 文件与模型中的组件联系起来。因此，Rose 要求模型中的每个 Java 类都必须属于组件视图中的某个 Java 组件。

有两种给组件添加 Java 类的方法。

1）当启动代码生成时，可以让 Rose 自动创建组件。如果这样，Rose 会为每个类都生成一个 .java 文件和一个组件。为使用这个功能，必须将模型的默认语言设置为 Java，可以通过【Tools→Options→Notation→Default Language】命令进行设置。Rose 不会自动为多个类生成一个 .java 文件。如果将 Java 类分配给一个逻辑包，Rose 将为组件视图中的物理包创建一个镜像，然后用它创建目录或是基于模型中包的 Java 包。

2）可以自己创建组件，然后显式地将类添加到组件视图中。这样做可以将多个类生成的代码放在一个 .java 文件中。

有两种方法可以将一个类添加到组件中。无论选择哪种方法，都必须首先创建这个组件。

1）使用浏览器将类添加到组件中。首先在浏览器视图中选择一个类，然后将类拖放到适当的组件上。这样，就会在该类名字后面列出其所在组件的名字。

2）使用 Rose 中的 Component Specification 窗口。首先打开组件的标准说明：如果该组件不是一个 Java 组件（也就是它的语言仍然是 Anaysis），双击浏览器或图中的组件；如果它已经是 Java 组件，选中它并单击鼠标，右键然后在弹出的快捷菜单中选择【Open Standard Specification】命令。

2. 语法检查

这是一个可选的步骤。生成代码前，可以选择对模型组件的语法进行检查。在生成代码时 Rose 会自动进行语法检查。Rose 的 Java 语法检查是基于 Java 代码语义的。

可以通过下面的步骤对模型组件进行 Java 语法错误检查。

1）打开包含将用于生成代码的组件图。

2）在该图中选择一个或多个包和组件。

3）使用【Tools→Java/J2EE→Sysntax Check】命令对其进行语法检查。

4）查看 Rose 的日志窗口。如果发现有语法错误，生成的代码有可能不能编译。

5）对组件进行修改。

3. 设置 Classpath

通过【Tools→Java/J2EE→Project Specification】命令打开 Rose 中的 Java Project Specification 窗口，其中 ClassPath 选项卡为模型指定一个 Java 类路径。

4. 设置 Code Generation 参数

5. 备份文件

代码生成以后，Rose 将会生成一份当前源文件的备份，它的前缀是 . jv～。在用代码生成设计模型时，必须将源文件备份。如果多次为同一个模型生成代码，那么新生成的文件会覆盖原来的 . jv～文件。

6. 生成 Java 代码

选择至少一个类或组件，然后选择【Tools – Java/J2EE→Generate Code】命令。如果是第 1 次使用该模型生成代码，那么会弹出一个映射对话框，它允许用户将包和组件映射到 Classpath 属性设置的文件夹中。

14.3　逆向工程

逆向工程是分析 Java 代码，然后将其转换到 Rose 模型的类和组件的过程。Rose 允许从 Java 源文件（. java 文件）、Java 字节码（. class 文件）以及一些打包文件（. zip . cab . jar 文件）中进行逆向工程。

下面详细介绍逆向工程的过程。

1）设置或检查 CALSSPATH 环境变量。Rose 要求将 CLASSPATH 环境设置为 JDK 的类库。根据使用的 JDK 的版本不同，CLASSPATH 可以指向不同类型的类库文件，例如 . zip. rt. jar 等。

下面以 Windows XP 操作系统为例，说明设置 CLASSPATH 环境变量的步骤如下。

① 在桌面鼠标右键单击"我的电脑"，然后选择【属性→高级】选项，单击【环境变量】按钮，在"系统变量"选项区域中，首先查找是否已经有了 CLASSPATH 环境变量。如果没

有，单击【新建】按钮；如果有，则单击【编辑】按钮，然后在弹出的对话框中输入路径。

② 为自己的库创建一个 Classpath 属性。可以使用 project Specification 窗口中的 Classpath 选项卡进行设置。

2）启动逆向工程。有 3 种方式可以启动逆向工程。

① 选择一个或多个类，然后选择【Tools→Java/J2EE→Reverse Engineer】命令。

② 右键单击某个类，然后在弹出的快捷菜单中选择【Java/J2EE→Reverse Engineer】命令。

③ 将文件拖放到 Rose 模型中的组件图或类图中。当拖放 .zip、.cab 和 .jar 文件时，Rose 会自动将它们解压。注意，Rose 不能将代码生成这种文件。

14.4 实例应用

1. 生成代码实例

由于 Rose 的正向工程只能从 UML 类生成代码，所以首先必须画出类图（见图 14-2）。以图 14-2 所示的类为例进行介绍。

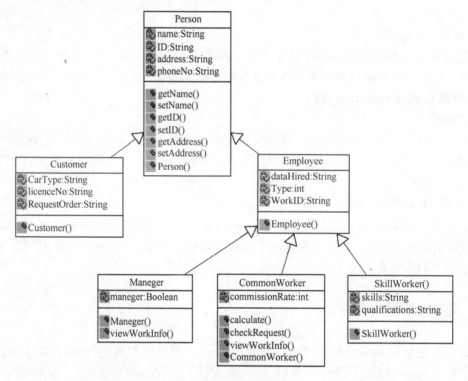

图 14-2 类

选中这些类，然后选择【Tools→Java/J2EE→Generate Code】命令，如果还没设置 Classpath，那么会弹出如图 14-3 所示的对话框，要求选择 Classpath，如果当前还没有 Classpath，单击 Edit 按钮，进行 Classpath 配置。

单击图 14-4 中右边的第一个"添加"按钮，弹出选择 Classpath 配置确认框，如图 14-5 所示。

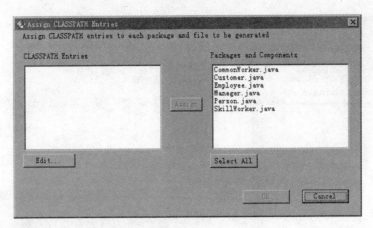

图 14-3   Assign CLASSPATH Entries 对话框

图 14-4   单击"添加"按钮

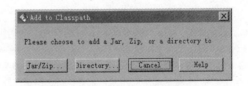

图 14-5   Classpath 配置确认框

Classpath 配置有以下两种形式。

1）选择 . jar 或 . zip + Directory 形式，将 Classpath 指向为 JDK 的类库文件（如 C：\Program Files\Java\j2sdk1. 5. 0\lib\rt. jar）。另外，再定义一个 Directory（如 D：\），可将生成的 . java 文件放在这个独立的 Directory 下。

2）只选择 Directory，将 Classpath 指向为 JDK 的类库 Directory（如 C：\Program Files\Java\j2sdk1. 5. 0\lib），则生成的 . java 文件将放在 C：\Program Files\Java\j2sdk1. 5. 0\lib 下。

这里选择第一种形式，配置如图 14-6 所示。

单击"确定"按钮返回。选择设定的 Classpath，然后在右面选中所有的类，最后单击【OK】按钮，Rose 就开始生成 Java 代码，如图 14-7 所示。

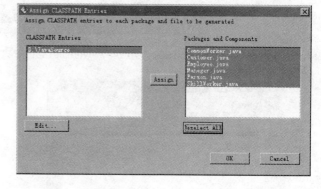

图 14-6　Classpath 配置　　　　　　　　　　　图 14-7　单击【OK】按钮

在 Classpath 下可以找到已经生成的 Java 文件，如图 14-8 所示。

图 14-8　已经生成的 Java 文件

基类 Person 的源代码如下。

```
//Source file: D:\\JavaSource\\Person.java
public class Person
{
private String name;
private String ID;
private String address;
```

```
        private String phoneNo;

        /* *
        @ roseuid 4921532B01A5
        */
        public Person( )
        {

        }


        /* *
        @ roseuid 492152A003A9
        */
        public void getName( )
        {

        }


        /* *
        @ roseuid 4921532B0138
        */
        public void setName( )
        {

        }


        /* *
        @ roseuid 49215335002E
        */
        public void getID( )
        {

        }


        /* *
        @ roseuid 4921533E031C
        */
        public void setID( )
        {

        }

        /* *
```

```
    @ roseuid 49215343000F
    */
    public void getAddress()
    {


    }


    /**
    @ roseuid 4921534E030D
    */
    public void setAddress()
    {


    }
```

Rose 是否在代码中保持了模型中的继承关系？以 Customer 子类为例，代码如下。

```
//Source file：D:\\JavaSource\\Customer. java


public class Customer extends Person
{
private String CarType；
private String licenceNo；
private String RequestOrder；

/**
@ roseuid 4921539A000F
*/
public Customer()
{


}
}
```

令人欣喜的是，它保持了模型中的继承关系。代码生成后，开发者就可以在这个代码框架中实现具体的方法，大大节省了开发的时间。

2. 逆向工程实例

下面通过修改 Customer 类的方法和成员变量，然后通过逆向工程，看看该类图变化情况。在 Customer 类里加入一个 print 方法，暂时不加入任何实现内容，再删除 Request Order 成员变量。print 方法如下：

```
public void print(){}
```

在 Rational Rose 的逻辑视图中选择 Customer 类，单击鼠标右键，在弹出的快捷菜单中选择【Java/J2EE→Reverse Engineer】命令，弹出如图 14-9 所示的窗口。

在左边的目录结构中选择 D:\JavaSource，然后右边文本框中就会显示出该目录下的 .java 文件，选择 Customer.java 文件，单击【Reverse】按钮，完成以后单击【Done】按钮，可以发现 Customer 类发生了变化，如图 14-10 所示。

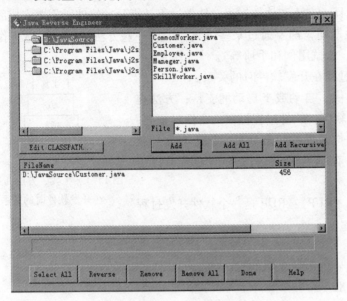

图 14-9　Java Reverse Engineer 窗口

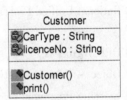

图 14-10　Customer 类
发生了变化

14.5　小结

双向工程包括正向工程和逆向工程。正向工程把设计模型映射为代码，逆向工程把代码转换成设计模型。

一般情况下，开发人员将系统设计细化到一定的级别，然后应用正向工程。

Rational Rose 允许从 Java 源文件（.java 文件）、Java 字节码（.class 文件）以及一些打包文件（.zip、.cab、.jar 文件）中进行逆向工程。

14.6　习题

1. Rose 的双向工程是什么？双向工程的主流建模工具有哪些？
2. 简述 Rational Rose 中 Java 代码生成的步骤。
3. 简述 Rational Rose 中从 Java 代码生成模型的步骤。

第 15 章 统一软件过程（RUP)

软件工程的 3 个要素是工具、方法和软件过程。软件过程是指开发软件所需要完成的多个活动构成的框架。在每个活动期间，都要通过某些工具，采用一些方法、技术构造工作产品（如计划、文档、模型、代码、测试用例和手册等）。

图 15-1 是工具、方法和过程在开发软件时的关系。

工具为软件过程和方法提供了自动或半自动的支持；方法在技术上说明了需要如何去开发软件；软件过程提供一个活动框架，在这个框架下可以建立一个软件开发的综合计划。采用有效的软件过程是实现软件成功开发的前提。当前流行的软件过程有以下几种。

图 15-1 工具、方法和过程在开发软件时的关系

① Rational Unified Process（RUP)：RUP 是一个软件开发过程框架。

② OPEN Process。

③ Object – Oriented Software Process（OOSP)。

④ Extreme Programming（XP)。

⑤ Catalysis。

⑥ Dynamic System Development Method（DSDM)。

15.1 统一软件过程概述

RUP（Rational Unified Process，统一软件过程）是一个面向对象且基于网络的程序开发方法。RUP 就像一个在线的指导者，它可以为所有方面和层次的程序开发提供指导方针、模板以及事例支持。

RUP 开发模型由软件生命周期（4 个阶段）和 RUP 的核心工作流构成一个二维空间。横轴表示项目的时间维，包括四个阶段，纵轴表示工作流（活动）。RUP 开发模型如图 15-2 所示。

RUP 有以下 6 个特点。

1）迭代式开发。由于需求在整个软件开发过程中经常会改变，在软件开发的早期阶段，需求分析师无法完全、准确地捕获用户的需求。而迭代式开发允许需求存在变化；同时，通过不断迭代和细化可以加深对问题的理解，迭代式开发还可以降低项目的风险。

2）管理需求。开发人员在开发系统之前不可能完全详细地说明一个系统的真正需求。RUP 方法提供了如何提取、组织系统的功能和约束条件并将其文档化；通过使用用例驱动和脚本描述，可以有效捕获功能性需求，并在迭代过程中理解、细化和修正需求。

3）基于构件的体系结构。基于独立的、可替换的、模块化组件的体系结构有助于管理复杂性，提高重用率。RUP 描述了如何设计一个有弹性的、能适应变化的、易于理解的、有助于重用的软件体系结构。

4）可视化建模。RUP 采用 UML 语言对软件系统建立可视化模型，帮助人们提供管理软

件复杂性。

5）验证软件质量。RUP 方法将软件质量评估内建于开发过程中的每个环节，这样可以及早发现软件中的缺陷。

6）控制软件变更。RUP 描述了如何控制、跟踪、监控、修改以确保成功的迭代开发。RUP 通过软件开发过程中的制品，隔离来自其他工作空间的变更，以此为每个开发人员建立安全的工作空间。

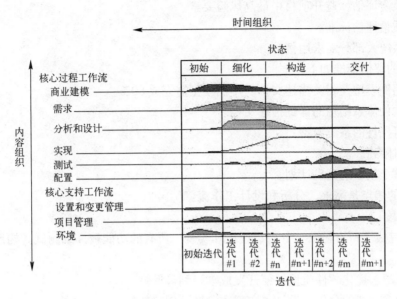

图 15-2　RUP 开发模型

15.1.1　RUP 的四个阶段

RUP 方法将软件生命周期分为四个阶段：初始阶段、细化阶段、构造阶段、交付阶段。每个阶段结束于一个主要的里程碑，在每个阶段的结尾执行一次评估，以确定这个阶段的目标是否已经达到。如果评估结果令人满意，可以允许项目进入下一个阶段。每个阶段本质上是两个里程碑之间的时间跨度。

1. 初始阶段

初始阶段需要进行如下的活动。

1）说明项目规模、确定重要需求和约束、制定最终产品的验收标准。

2）项目风险预测。评估风险管理、人员配备、项目计划以及成本/进度/收益折中的被选方案。

3）设计系统体系结构方案，并进行评估。

4）准备开发环境、改进业务流程。

初始阶段的评估标准如下。

1）投资者制定的系统范围、开发费用和开发进度。

2）主要用例与系统需求的一致性。

3）用例优先级、系统风险和可行性评估。

4）评估系统原型的深度和广度。

5）实际开销与计划开销。

初始阶段的焦点是需求和分析工作流。

2. 细化阶段

细化阶段需要进行如下的活动。

1）分析问题域，建立软件的体系结构。

2）编制项目计划。

3）细化风险评估，避开项目中最高风险要素。

4）定义质量评估标准。

5）捕获系统大部分需求用例。

细化阶段的评估标准如下。

1）构建用例模型及相关描述文档。用例模型需完成80%。

2）设计软件体系结构的详细描述文档。

3）开发可执行的系统原型。

4）细化风险列表。

5）创建整个项目的开发计划。

细化阶段的焦点是需求、分析和设计工作流。

3. 构造阶段

构造阶段完成了所有需求、分析、设计和实现。所有的功能被详细测试。构造阶段的主要目标如下。

1）优化资源、优化软件质量，使开发成本降到最低。

2）完成所有功能的分析、设计、实现和测试，创建软件的初始版本。

3）迭代式、递增地开发随时可以发布的产品。

4）部署完善软件系统的外部环境。

构造阶段的焦点是实现工作流。

4. 交付阶段

交付阶段的主要目标如下。

1）进行 Beta 版测试，按用户的要求验证新系统。

2）替换旧的系统。

3）对用户和维护人员进行培训。

4）对系统进行全面调整，例如调试、性能或可用性的增强。

5）与用户达成共识，配置基线与评估标准一致。

交付阶段的焦点是实现和测试工作流。

15.1.2　RUP 的迭代模型

在 RUP 过程中，可以把每个阶段的任务分成多个部分，采用多次迭代完成每个阶段的任务。每一次完整的迭代包含 9 个工作流，迭代有可能只包含部分工作流。每一次迭代建立一个可执行的软件产品（版本），每次迭代产生的软件产品是最终产品的一个子集。

如图 15-3 所示是 RUP 中某个阶段的迭代开发模型。

与传统的瀑布模型相比较，迭代过程的优点如下。

1）由于把软件系统分成多个独立部分，采用增量开发，降低了开发风险。

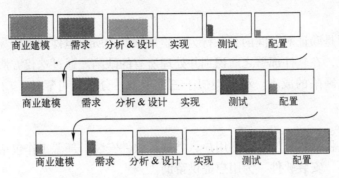

图 15-3　RUP 中某个阶段的迭代开发模型

2）由于是迭代开发，每次迭代生产出一个完整的软件产品，降低了产品无法按照既定进度进入市场的风险。

3）由于采用迭代开发，多个小组可以并行工作，加快了整个开发工作的进度。

15.2　RUP 中的核心工作流

RUP 中有九个工作流，包括六个核心工作流，三个辅助工作流。这些工作流在整个生命周期中一次又一次被迭代。九个工作流在项目中轮流被使用，在每一次迭代中以不同的重点和强度重复。九个工作流简述如下。

1. 业务建模（也称商业建模）

业务建模的目标是为了设计更合理、有效的业务蓝图，为实现这个蓝图设计业务用例模型、对象模型。同时，重新设计业务组织、业务过程、业务目标，以及组织中的责任，角色和任务。

2. 需求

需求的目标是描述系统应该做什么。开发人员和用户为这一目标达成共识，对系统的功能和约束进行提取、组织、文档化（特别是对问题的定义和范围进行文档化）。

3. 分析和设计

分析和设计的任务是将需求转化成未来系统的设计。分析和设计的结果是一个设计模型和一个可选的分析模型。设计包括体系结构的设计、类设计和接口设计。

（1）类设计和接口设计

设计模型由设计类和一些描述组成，设计类被组织成具有良好接口的设计包（Package）和设计子系统（Subsystem），而描述则体现了对象如何协同工作实现用例的功能。

（2）体系结构设计

设计活动的核心是体系结构设计。体系结构的目标是将系统分解为若干子系统。通常，我们用构件图和包图组织子系统。体系结构省略了一些细节，使重要的特点体现得更加清晰。

4. 实现

实现就是以组件的形式（源文件、二进制文件、可执行文件）实现类和对象；将开发出的组件作为单元进行测试以及集成由单个开发者（或小组）所产生的结果，使其成为可执行的系统。

5. 测试

测试工作主要是验证对象间的交互行为，验证软件中所有组件的正确集成，检验所有的需求是否正确地实现，在软件部署之前识别并处理所有的缺陷。通过迭代方法，尽可能早地发现缺陷，降低了修改缺陷的成本。测试类似于三维模型，分别从可靠性、功能性和系统性能来进行。

6. 部署

部署的目的是将软件分发给最终用户，并进行软件安装。部署工作包括软件打包、生成软件本身以外的产品、安装软件、为用户提供帮助。

下面 3 个是辅助工作流。

7. 配置和变更管理

配置和变更管理工作制定一些规则来控制和管理需求变更、版本变更。描述了如何管理并行开发、分布式开发、如何自动化创建工程。同时记录了产品修改原因、时间、人员。

8. 项目管理

软件项目管理平衡各种可能产生冲突的目标、管理风险，克服各种约束并成功交付产品。其目标包括为项目的管理提供框架，为计划、人员配备、执行和监控项目提供实用的准则，为管理风险提供框架等。

9. 环境设置

环境设置的目的是向软件开发组织提供软件开发环境、开发过程和开发工具。环境工作流集中于配置项目过程中所需要的活动，同样也支持开发项目规范的活动，提供了逐步的指导手册并介绍了如何在组织中实现的过程。

下面介绍每个工作流中的主要活动、工作产品、软件开发人员。软件开发人员的活动开发出了工作产品。

15.2.1 需求工作流

需求工作流开始前，首先要对业务建模，即对业务组织、业务内容和业务流程进行建模。业务模型是需求工作的基础。

需求捕获就是对业务内容进行描述、整理，确立业务实体及其关系；确定业务系统的功能要求；确定实现功能要求的实体间的交互关系；将用户需求精确化、完备化。

大部分需求工作集中在初始和细化阶段。在细化阶段后期，需求捕获的工作量大幅下降。

图 15-4 所示是需求工作流在四个阶段的工作量分布情况。软件开发人员通过一定的活动生产出软件的中间产品。下面从工作产品、软件开发人员和活动三个方面描述需求工作流。

1. 工作产品

执行需求捕获工作流时，软件开发人员开发的主要 UML 制品如下所示。

① 用例模型。

② 软件体系构架描述。用包图（由用例构成的包）描述软件系统的宏观组织和结构。

③ 定义术语表。

④ 定义用户界面原型。

2. 软件开发人员

参与需求捕获阶段的软件开发人员如下所示。

① 系统分析人员。

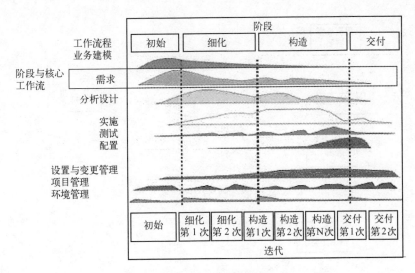

图 15-4　需求工作流

② 用例描述人员。

③ 用户界面设计人员。

④ 构架设计师。

3. 主要活动

需求捕获的工作流主要包括确定参与者和用例（概要描述）、区分用例的优先级、详细描述用例、构造用户界面原型以及构造用例模型 5 个活动。

1）确定参与者和用例。确定参与者和用例的目的是界定系统的范围，确定哪些参与者将与系统进行交互，以及他们将从系统中得到哪些服务；捕获和定义术语表中的公用术语，这是对系统功能进行详细说明的基础，如图 15-5 所示。

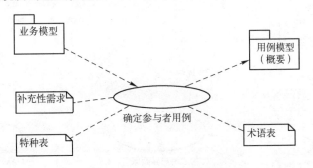

图 15-5　确定参与者和用例

确定参与者和用例的过程通常包括 4 个步骤：确定参与者、确定用例、简要描述每个用例和概要描述用例模型。实际上，这些步骤通常是并发执行的。

2）确定用例的优先级。确定用例的优先级是为了决定用例模型中哪些用例需要在早期的迭代中进行开发（包括分析、设计、实现等），以及哪些用例可以在随后的迭代中进行开发，如图 15-6 所示。

3）详细描述用例。详细描述用例的主要目的是为了详细描述事件流。这个活动包括建立用例说明、确定用例说明中包括的内容和对用例说明进行形式描述 3 个步骤，最终的结果是以图或文字表示的用例的详细说明，如图 15-7 所示。

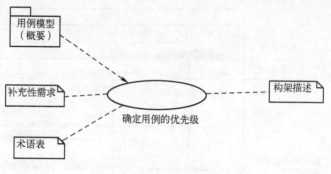

图 15-6　确定用例的优先级

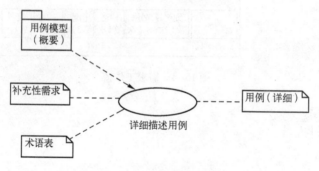

图 15-7　详细描述用例

4）构造用户界面原型。在系统分析人员建立起用例模型，确定了谁是用户以及他们要用系统做什么后，接下来的工作就是要着手设计用户界面。这个活动由逻辑用户界面设计、实际用户界面设计和构造原型两部分组成，最终的结果是一个用户界面简图和用户界面原型，如图 15-8 所示。

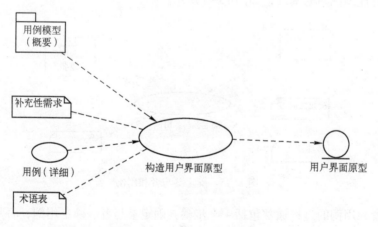

图 15-8　构造用户界面原型

5）构造用例模型。构造用例模型的主要目的是：整理用例间的关系，分离出包含用例和扩展用例；补充用例说明。这个活动由确定共享的功能性说明，确定补充和可选的功能说明，以及确定用例之间的其他关系 3 部分组成。

在确定系统用例和参与者之后，系统分析人员可以重新整理用例之间的关系，使模型更易于理解和处理，如图 15-9 所示。

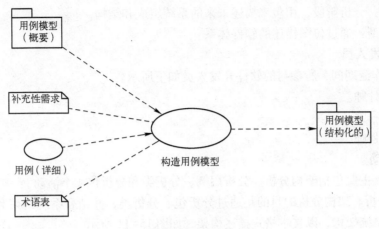

图 15-9　构造用例模型

15.2.2　分析工作流

主要的分析任务从初始阶段的尾期开始,与需求一样,分析工作主要集中在细化阶段,细化阶段的大部分活动是捕获需求,并进行需求分析,分析工作与需求捕获在很大程度上重叠。

如图 15-10 所示是分析工作流在 4 个阶段的工作量分布情况。

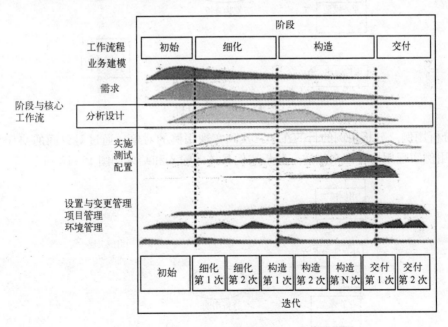

图 15-10　分析工作流

下面从工作产品、软件开发人员和活动 3 个方面描述分析工作流。

1. 工作产品

在分析工作流期间,主要的 UML 制品如下所示。

① 分析模型。

② 分析类:对业务模型中的类图或对象图中的类进行加工处理后的类。

③ 用例实现:实现用例的顺序图,即由哪些对象相互协作来完成用例的功能。

④ 分析包：分析阶段，用包来描述未来的系统组成和结构。

⑤ 构架模型：通过包图描述的软件体系。

2. 软件开发人员

在分析工作流期间，所参与的软件开发人员如下所示。

① 构架设计师。

② 用例工程师。

③ 构件工程师。

3. 主要活动

分析工作流主要包括架构分析、分析用例、分析类和分析包 4 个活动。

1）架构分析。架构分析的目的是通过分析包、分析类，并结合系统约束和特殊需求，以包的格式表示系统架构，以文本格式描述构架，如图 15–11 所示。

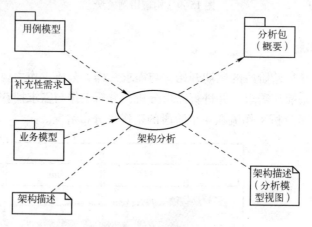

图 15–11　架构分析

2）分析用例。分析用例的目的在于：找到实现用例的对象，通过对象间的协作实现用例的功能；用例实现用协作图来描述。分析用例具体的输入和结果如图 15–12 所示。

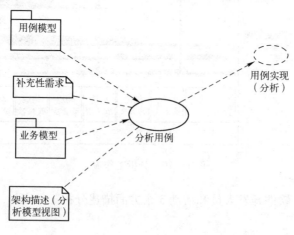

图 15–12　分析用例

3）分析类。分析类的目的在于：依据分析类在用例实现中的角色来确定它的职责，确定分析类的属性及其关系。分析类具体的输入和结果如图 15–13 所示。

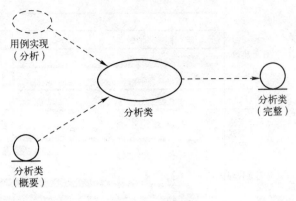

图 15-13　分析类

4）分析包。分析包的目的在于：确保该分析包的合理性和相对独立性，确保该分析包包含完整的用例。

一般来说，分析包的活动是：定义和维护包与其他包的依赖，确保包中包含恰当的类，然后限制对其他包的依赖。分析包具体的输入和结果如图 15-14 所示。

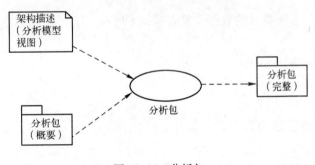

图 15-14　分析包

15.2.3　设计工作流

设计工作流主要集中于细化阶段的最后部分和构造阶段的开始部分。就软件系统而言，最初的大量建模工作集中在需求和分析工作流，在分析活动逐步完善后，建模工作大量集中在系统设计。

如图 15-15 所示是设计工作流在 4 个阶段的工作量分布情况。

下面从工作产品、软件开发人员和活动 3 个方面描述设计工作流。

1. 工作产品

在设计工作流期间，主要的 UML 制品如下所示。

① 设计模型。

② 设计类。

③ 用例实现。

④ 设计子系统。

⑤ 接口。

⑥ 配置图。

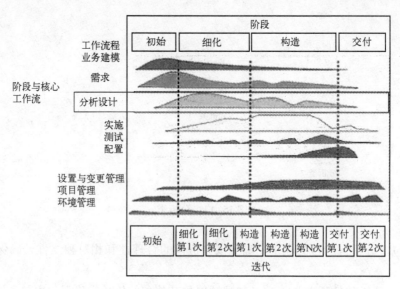

图 15-15　设计工作流

2. 软件开发人员

在设计工作流期间，所参与的软件开发人员如下所示。

① 构架设计师。

② 用例工程师。

③ 构件工程师。

3. 主要活动

设计工作流中主要包括构架设计、设计一个用例、设计一个类和设计一个子系统 4 种活动。

1）构架设计。构架的设计是设计阶段首要进行的活动，主要目的是描述结点及其网络配置、子系统及其接口，以及识别对构架有重要意义的设计类（如主动类），即设计类图和实施模型及其构架描述。构架设计具体的输入与产出如图 15-16 所示。

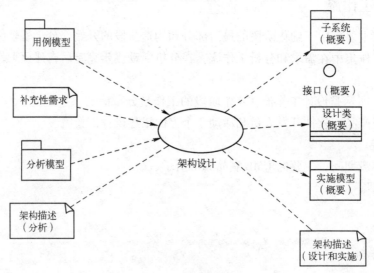

图 15-16　构架设计

2) 设计一个用例。设计一个用例主要过程包括识别设计类、识别子系统、定义接口和设计用例实现 4 个部分，其具体的输入和产出如图 15-17 所示。

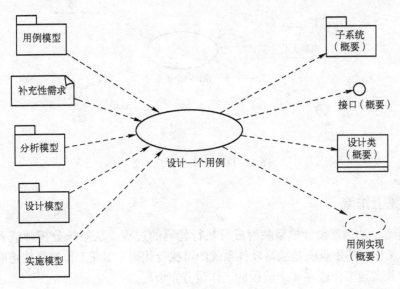

图 15-17　设计一个用例

3) 设计一个类。

设计类的主要活动是确定类的操作、属性，确定类间的关系，其具体的输入和产出如图 15-18 所示。

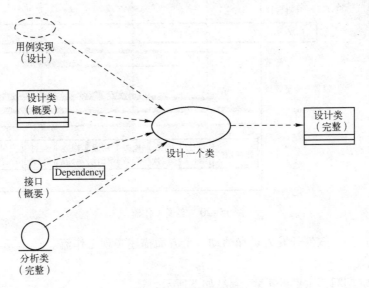

图 15-18　设计一个类

4) 设计一个子系统。设计一个子系统有 3 个目的：为了确保该子系统尽可能地独立于其他的子系统或它们的接口，确保该子系统提供正确的接口，确保子系统实现其接口所定义的操作。设计一个子系统具体的输入和产出如图 15-19 所示。

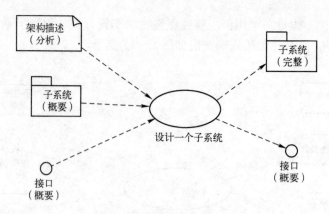

图 15-19　设计一个子系统

15.2.4　实现工作流

实现（实施）就是把设计模型映射成可执行代码的过程。从系统分析师或系统设计师的角度看，实现工作流的重点就是编写软件系统的可执行代码。实现工作流是构建阶段的焦点。

图 15-20 是实现工作流在 4 个阶段的工作量分布情况。

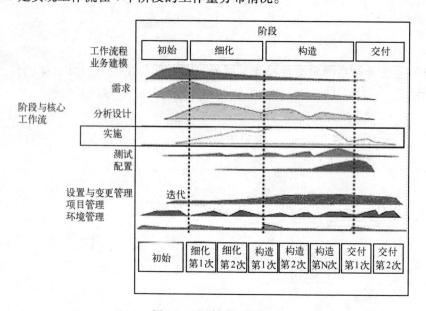

图 15-20　实现工作流

下面从工作产品、软件开发人员和活动 3 个方面描述实现工作流。

1. 工作产品

在实现工作流期间，主要的 UML 制品如下所示。

① 实现模型。

② 组件。

③ 实现子系统。

④ 接口。

⑤ 构架描述（实现模型）。

⑥ 集成构造计划。

2. 软件开发人员

在实现工作流期间，所参与的软件开发人员如下所示。

① 构架设计师。

② 构件工程师。

③ 系统集成人员。

3. 主要活动

在实现工作流中，包括一系列活动：架构实现、系统集成、实现一个子系统、实现一个类和执行单元测试。

1）架构实现。架构实现的主要流程为：识别对架构有重要意义的构件，例如可执行构件；在相关的网络配置中将构件映射到结点上。

架构实现由构架设计师负责，其主要的输入和制品如图 15-21 所示。

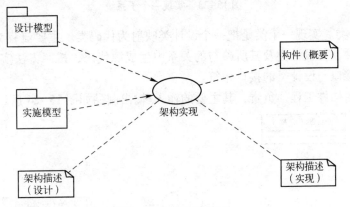

图 15-21　架构实现

2）系统集成。系统集成的主要流程为：创建集成构造计划，描述迭代中所需的构造和对每个构造的需求；在进行集成测试前集成每个构造品。

系统集成由系统集成人员负责，其主要的输入和制品如图 15-22 所示。

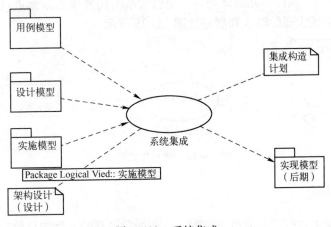

图 15-22　系统集成

3）实现一个子系统。实现一个子系统的目的是确保一个子系统实现其接口提供的功能。由构件工程师负责实现子系统，其主要的输入和制品如图 15-23 所示。

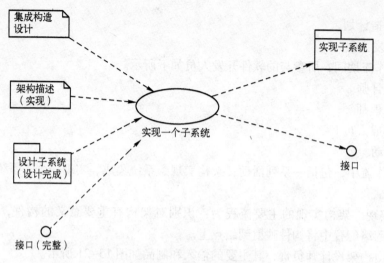

图 15-23　实现一个子系统

4）实现一个类。实现一个类是把一个设计类映射为代码类。主要流程为：勾画出将包含源代码的文件构件，从设计类及其所参与的关系中生成源代码，按照方法实现设计类的操作，确保构件提供的接口与设计类的接口相符。

实现一个类由构件工程师负责，其主要的输入/输出制品如图 15-24 所示。

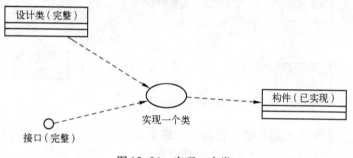

图 15-24　实现一个类

5）执行单元测试。执行单元测试是为了把已实现的构件作为单元进行测试，由构件工程师负责，执行单元测试主要的输入和制品如图 15-25 所示。

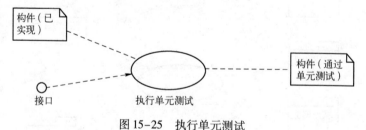

图 15-25　执行单元测试

15.2.5　测试工作流

测试工作流贯穿于软件开发的整个过程。从初始阶段开始，到细化阶段和构造阶段是测试的焦点。

测试是为了找出程序中的错误与缺陷，而不能证明程序无错。测试是一项相当重要的工作，其工作量占软件总开发量的 40% 以上。

图 15-26 是测试工作流在 4 个阶段的工作量分布情况。

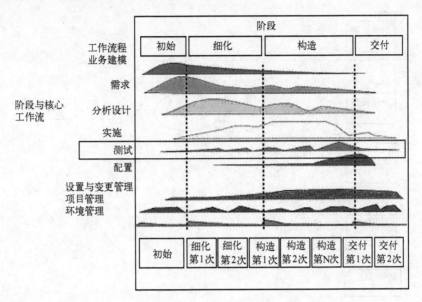

图 15-26　测试工作流

下面从工作产品、软件开发人员和活动 3 个方面描述测试工作流。

1. 工作产品

在测试工作流期间，主要的 UML 制品如下所示。

① 测试模型。

② 测试用例。

③ 测试规程。

④ 测试组件。

⑤ 制定测试计划。

⑥ 缺陷。

⑦ 评估测试。

2. 软件开发人员

在测试工作流期间，所参与的软件开发人员如下所示。

① 测试设计人员。

② 构件工程师。

③ 集成测试人员。

④ 系统测试人员。

3. 主要活动

在测试工作流中包括制定测试计划、设计测试、实现测试、执行集成测试、执行系统测试和评估测试 6 种活动。

1）制订测试计划。主要包括描述测试策略，估计测试工作所需的人力以及系统资源等，制订测试工作的进度，制订测试计划由测试工程师负责。制订测试计划主要的输入和制品如图 15-27 所示。

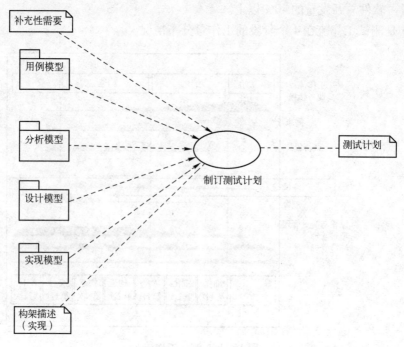

图 15-27　制订测试计划

2）设计测试。设计测试主要包括识别并描述每个构造的测试用例，识别并构造用于详细说明如何进行测试的测试规划。

设计测试由测试设计人员负责，其主要的输入和制品如图 15-28 所示。

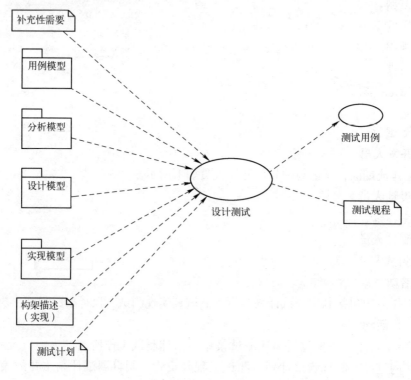

图 15-28　设计测试

3）实现测试。实现测试的目的是为了尽可能地建立测试构件以使测试规程自动化。实现测试由构件工程师负责，其主要的输入和制品如图 15-29 所示。

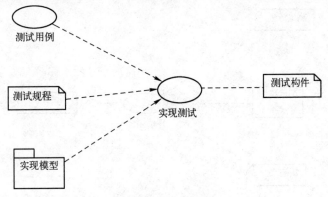

图 15-29　实现测试

4）执行集成测试。执行每个构造品所需要的集成测试，并捕获其测试结果。执行集成测试由集成测试人员负责，其主要的输入和制品如图 15-30 所示。

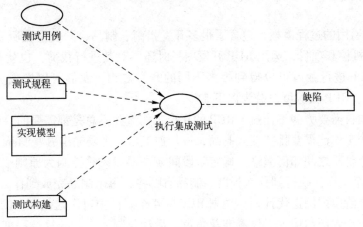

图 15-30　执行集成测试

5）执行系统测试。在每一次迭代中都要执行系统测试，其目的是为了实施系统测试，并且捕获其测试结果。执行系统测试由系统测试人员负责，其主要的输入和制品如图 15-31 所示。

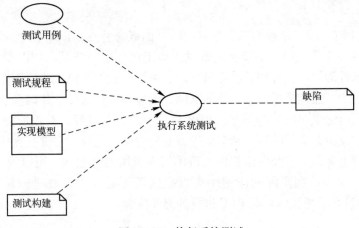

图 15-31　执行系统测试

6）评估测试。评估测试的目的是为了对一次迭代内的测试工作作出评估。评估测试由测试设计人员负责，其主要的输入/输出制品如图 15-32 所示。

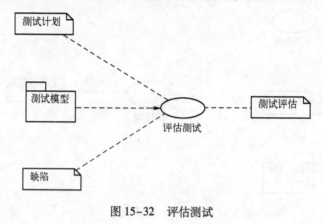

图 15-32　评估测试

15.3　RUP 裁剪

RUP 是一个通用的过程模板，包含了很多开发指南、制品、开发过程所涉及的角色说明。针对不同的开发机构和项目，运用 RUP 开发项目时还要对其进行裁剪，也就是要对 RUP 进行配置。通过对 RUP 进行裁剪可以得到很多不同的开发过程，我们可以把裁剪后的 RUP 看作 RUP 的具体实例。RUP 裁剪可以分为以下 5 步。

1）确定本项目需要哪些工作流。RUP 的 9 个工作流并不总是都需要的，可以取舍。

2）确定每个工作流需要哪些输入制品，进行加工后，需要输出哪些制品。

3）确定 4 个阶段之间如何演进。确定阶段间演进要以风险控制为原则，决定每个阶段要哪些工作流，每个工作流执行到什么程度，制品有哪些，每个制品完成到什么程度。

4）确定每个阶段内的迭代计划。规划 RUP 的 4 个阶段中每次迭代开发的内容。

5）规划工作流内部结构。工作流涉及角色、活动及制品，它的复杂程度与项目规模即角色多少有关。最后规划工作流的内部结构，通常用活动图的形式给出。

15.4　小结

本章主要介绍 RUP 统一过程的三个方面：RUP 的概念特点；RUP 四个阶段的划分和评估标准；RUP 六个核心工作流的主要步骤、开发人员组成、中间产品。RUP 具有很多优点：它提高了团队开发软件的效率，特别是在需求管理、可视化软件建模、验证软件质量及控制软件变更等方面，为每个开发成员提供了必要的准则、模板和工具指导，并确保全体成员共享相同的知识基础。但同时它也存在一些不足：RUP 只是一个开发过程，并没有涵盖软件过程的全部内容，例如，它缺少关于软件运行和支持等方面的内容；此外，它没有支持多项目的开发结构，这在一定程度上降低了在开发组织内大范围实现重用的可能性。可以说 RUP 是一个非常好的开端，但并不完美，在实际的应用中可以根据需要对其进行改进，并可以用 OPEN 和 OOSP 等其他软件过程的相关内容对 RUP 进行补充和完善。

15.5 习题

1. 什么叫软件过程？什么是 RUP 过程？RUP 过程有哪些特点？
2. RUP 与其他软件开发过程的区别是什么？
3. RUP 的核心工作流有哪些？RUP 包含哪些阶段？
4. 用一实例说明，如何裁剪 RUP 开发过程？

第16章 网上书店系统分析与设计

本章以网上书店系统开发为例,详细说明领域建模、用例建模、动态建模的方法、原理和过程。主要强调了建模方法和分析过程,特别强调了建模过程中用到的面向对象的分析技术、设计技术、建模原则、建模方法和步骤。

16.1 领域建模

系统开发的第一步是对领域系统的理解,即对现实系统的问题域的理解。需求分析师通过访问用户、客户和领域专家,找出领域系统的一般需求,即**通用需求**,将用户、客户和领域专家对系统的描述和需求记录下来,整理成规范化的**问题陈述**。第二步是以问题陈述为原始材料,对问题陈述进行分析、修改和完善,最后,通过**对象分析技术**,构造对象模型和数据字典。

16.1.1 领域建模方法

领域分析是以问题陈述为基础,通过分析和建模,创建对象模型和数据字典。建立领域模型常采用以下步骤。

1) 准备问题陈述。
2) 使用文本分析技术识别对象和类。
3) 开发数据字典。
4) 识别类之间的关联关系。
5) 使用继承组织类。
6) 识别类和关联类的属性。
7) 为可能存在的查询验证访问路径。
8) 多次迭代、细化、修改完善对象模型。在构建用例模型后,再次修改对象模型。

16.1.2 领域建模过程

1. 准备问题陈述

领域分析的目标是寻找一个通用的对象模型,该模型应该在所有的应用域中都适用(在同一领域,存在多种应用)。所以问题陈述应该强调领域的通用需求,而不是个别应用的特定需求。因此,问题描述应该关注领域中对象及其关系的描述,而不是对解决方案的描述。在同一个领域,存在多种应用,每个应用的任务和执行过程是不同的。

例如,对银行领域而言,问题陈述有两种描述方式。

1) 第一种描述:一个客户在一个银行中可以有多个账户(这句话强调了领域对象及其关系)。

2) 第二种描述:一个客户拿身份证进入银行,首先进行身份验证,选择账户方式,然后让服务员为他开设一个银行账户(这句话强调该领域的操作过程和步骤,即解决方案)。

在进行问题陈述时应该采用第一种描述方式,不能采用第二种方式,第二种方式强调的是问题解决方案。

某书店希望建立一个网站,通过这个网站实现公司的销售业务。通用软件公司的需求分析师通过采访书店的客户、用户和领域专家,记录了下面的问题陈述。

通用公司正在开发一种网上书店系统,该公司的客户使用这个系统可以购买图书并销售他们使用过的书籍。公共用户是该系统没有注册的客户。

公共用户和注册用户可以通过输入关键字搜索书籍,关键字是书籍标题、作者、新书价格和旧书的价格范围。系统显示匹配关键字的书籍列表。书籍列表的每项均由书籍标题、作者、新书价格和旧书的价格范围组成。用户可以从列表中选取一本书以显示该书更加详细的信息(可用性、新书价格、旧书价格、内容列表、作者和 ISBN)。用户还可以将该书的一个副本(新书或者旧书)添加到购物篮中。然后该用户可以继续搜索其他书籍。当用户完成搜索后,可以检验购物篮中的书籍。系统要求用户通过输入电子邮件地址和账户口令来登录账户。如果还没有注册,用户这时可以注册一个新的客户账户。用户输入电子邮件地址、家庭住址和口令。系统在通过邮件消息确认创建新的客户账户之前,要验证该电子邮件地址是否已经被已有的客户用。然后系统要求用户选择运送选项(快递、优先和普通)。不同的运送选项的价格不同。然后用户可以选择支付途径(信用卡或者在本书店的用户账户)。如果用户选择使用信用卡支付,用户将输入卡号、类型和过期时间。然后用户将信用卡信息和支付的金额发送到外部的支付网关。根据选择的书籍的价格和选中的运送选项的价格相加计算支付金额。如果信用卡交易被批准,外部支付网关发送回一个批准的代码,否则,系统将要求用户重新选择支付手段并重新输入支付信息。如果用户选择使用他的账户且有足够的金额,系统将从客户的账户中收费。否则系统要求用户重新选择支付手段。当完成了支付以后,系统将安排已订书籍的交付。某个运送代理商将负责已订书籍的运送。如果订单涉及的是一本新书,系统将发送运送请求,通知该运送代理商从书店中收集到这本书。同一个订单中的新书将被一并运送。如果订购了旧书,系统将发送一个交付请求,以通知该书的出售者,同时发送一个运送请求给书店的运送代理商。运送代理商从出售者那里收集书籍并将书籍交付给购买者。来自同一个出售者的同一个订单中的旧书将被一并运送。在将书籍交付给购买者以后,运送代理商将向系统发送一条表明运送已经完成的消息。在接收到这条消息之后,系统更新出售者的客户账户,旧书价格减去服务费用之差存入到客户金额中。

公共用户或者希望销售旧书的注册客户可以通过搜索书籍并显示它的信息来搜寻上面的过程,然后用户可以将旧书贴出发售,系统将要求该用户输入价格和该旧书的新旧状态。然后系统进一步要求用户输入电子邮件地址和客户账户口令以便登录。如果用户没有客户账户,该用户将按照前一段中所描述的步骤,创建一个新的客户账户。

现在以迭代和增量的方式开发网上书店系统的对象模型,即识别对象和类。

2. 识别对象和类

为了识别对象和类,使用文本分析技术从问题陈述中提取所有名词和名词短语。这一步的目的是识别一组可在后续步骤中进一步详述和细化的候选对象。本阶段选择类和对象时可能会漏掉一些类和对象,我们在后续阶段可以进行添加。

对于每个提取的名词或者名词短语,需要仔细考虑其是否真正地表达了该领域中的某个对象。对象识别过程不是一项简单的任务,某个名词或者名词短语在一个领域中可能是对象,而在另一领域中则有可能不是对象。

根据实践经验，在领域模型中，下面类型的名词和名词短语一般是对象。

- 明确的事物（如篮球场、建筑物）。
- 概念事物（如课程、模块）。
- 事件（如测试、考试、讲座）。
- 外部组织（如发布者、提供者）。
- 扮演的角色（如父亲、经理、校长）。
- 其他系统（如考试系统、课程管理系统）。

在问题陈述中，将名词和名词短语标识下划线。表 16-1 给出了从网上书店的问题陈述中提取出来的名词和名词短语。

表 16-1　问题描述中提取出来的名词和名词短语

通用公司（概念）	运送选项（概念）
客户（扮演角色）	支付途径（概念）
网上书店系统（其他系统）	信用卡（概念）
图书，书籍（概念）	卡号（简单值，属性）
公共用户（扮演角色）	类型（简单值，属性）
注册客户（扮演角色）	过期时间（简单值，属性）
书籍标题（简单值，属性）	支付金额（简单值，属性）
作者（简单值，属性）	支付网关（其他系统）
新书价格范围（简单值，属性）	信用卡信息（简单值，属性）
旧书价格范围（简单值，属性）	金额（简单值，属性）
书籍列表（概念）	代码（简单值，属性）
信息（书的属性列表）	运送代理商（扮演角色）
副本（等同书籍）	书店（概念）
购物篮（概念）	订单（概念）
电子邮件地址（简单值，属性）	出售者（扮演角色）
口令（简单值，属性）	购买者（扮演角色）
账户（概念）	价格（简单值，属性）
家庭住址（简单值，属性）	旧书的新旧状态（简单值，属性）

在上面的表中，对于每个提取出来的名词或者名词短语进行了分类，然后通过消除不恰当的类进一步筛选候选类。不恰当类的类别主要有冗余类、无关类、模糊类、属性、操作。删除表 16-1 中被标识为属性的名词和名词短语，修订后的候选类见表 16-2。

表 16-2　修订后的候选类

通用公司（概念）（与领域无关）	运送选项（概念）
客户（扮演角色）	支付途径（概念）
网上书店系统（要开发的系统）	信用卡（支付途径的属性）
图书，书籍（概念）	支付网关（其他系统）
公共用户（扮演角色）	运送代理商（扮演角色）
注册客户（扮演角色）	书店（概念）

书籍列表（概念）	订单（概念）
副本（等同书籍，图书）（冗余）	出售者（扮演角色）
购物篮（概念）	购买者（扮演角色）
账户（概念）	

删除表 16-2 中的冗余类和无关类，修订后的候选类见表 16-3。

表 16-3　修订后的候选类

客户（扮演角色）	支付途径（概念）
书籍（概念）	支付网关（其他系统）
公共用户（扮演角色）	运送代理商（扮演角色）
注册客户（扮演角色）	书店（概念）
书籍列表（概念）	订单（概念）
购物篮（概念）	出售者（扮演角色）
账户（概念）	购买者（扮演角色）
运送选项（概念）	

表 16-3 中，客户是对公共用户和注册客户的统称，属于冗余类，可以去掉，并且将"注册客户"更名为"注册用户"，修订后的候选类见表 16-4。

表 16-4　修订后的候选类

书籍（概念）	支付途径（概念）
公共用户（扮演角色）	支付网关（其他系统）
注册用户（扮演角色）	运送代理商（扮演角色）
书籍列表（概念）	书店（概念）
购物篮（概念）	订单（概念）
账户（概念）	出售者（扮演角色）
运送选项（概念）	购买者（扮演角色）

3. 开发数据字典

现在需要准备一个数据字典来定义候选类，即定义每个类的范围、属性和操作，并对类的内涵进行简单描述。表 16-5 给出了网上书店系统的类定义。

表 16-5　网上书店系统的数据字典

类	定　义
公共用户（PublicUser）	没有注册的用户，只能浏览商品
注册用户（RegistedUser）	已注册的用户，可以登录网上书店系统进行图书浏览和买卖，这个类的属性有：用户名，口令，电子邮件
书籍（Book）	系统中销售的商品，这个类的属性有：作者，书名，价格和 ISBN 码
书籍列表（BookList）	按照某个关键字查询的书籍进行列表。该类有属性：书籍标题，作者，价格
购物篮（ShoppingBusket）	购买者可以将书籍添加到购物篮，也可以把书籍从购物篮中删除，它是用来暂时保存购买者的书籍的

类	定 义
账户（Account）	用户注册后获得一个账户，该类有属性：账户号，邮件地址，家庭住址，口令
运送选项（DeliverOption）	提供了三种运送选项：快速运送、优先运送和普通运送
支付途径（PaymentMethod）	购买者可以选择支付途径。支付途径分为：信用卡支付和本书店的用户账户支付
支付网关（PaymentGateway）	支付网关是银行提供给网上书店系统收取客户费用的接口（一个外部系统），用于审核支付请求，检验信用卡的有效性，若信用卡交易批准，它将发送回一个批准代码给网上书店系统
运送代理商（DeliverAgent）	负责收集书籍和代理运送图书的公司
书店（BookStore）	管理和销售书籍的场所。给类有一个属性：书店编号（ID）
订单（Order）	订单是购买者生成，订单发送给网上书店系统处理。订单指定了图书名称、价格、ISBN 码、数量和送送方式
出售者（Bargainor）	使用书店系统出售旧书的注册用户，该类有一个属性：用户 id
购买者（Purchaser）	使用书店系统购买书籍的注册用户，该类有一个属性：用户 id

表 16-5 的候选对象展示如图 16-1 所示。

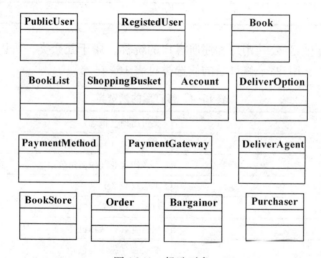

图 16-1　候选对象

4. 识别类之间的关联关系

通过查找问题陈述中连接两个或者多个对象的动词和动词短语可以识别出关联关系。表 16-6 给出了从问题陈述中提取出来的动词短语，以识别候选关联关系。

表 16-6　从问题陈述中提取动词短语识别候选关联关系

动 词 短 语	关 系	说 明
一个注册用户可以开设一个或多个账户	has	
购买者和销售者都是注册用户	继承	
购买者购买书籍	关联	购买的行为由多个步骤完成，因此不考虑这个关联
出售者销售书籍	关联	销售的行为由多个步骤完成，因此不考虑这个关联

动词短语	关 系	说 明
书籍列表由书籍标题、作者、价格组成	聚合	
用户可以向购物篮中添加和删除书籍	聚合	
购买者可以选择一种运送选项	choose	
购买者可以选择一种支付途径	choose	
系统将信用卡信息和金额发送给外部网关，外部网关对信用卡进行校验，即对支付途径（信用卡支付时）进行校验	check	外部网关与支付途径关联
运送代理商从书店收集新书	collect	
运送代理商从出售者那里收集旧书	collect	
运送代理商将书籍交付给购买者	deliver	发送传递
一个订单由运送选项，支付途径和购物篮中的书组成	组合关系	
书籍列表由多本书组成	组合关系	

根据表16-6，我们识别出初步的对象模型，如图16-2所示。

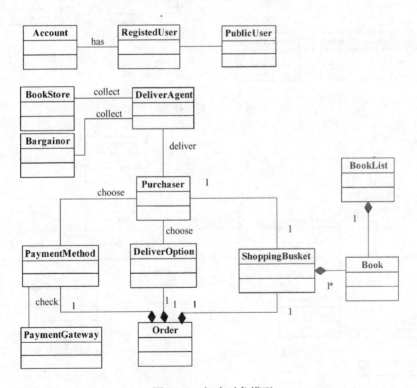

图16-2　初步对象模型

5. 使用继承和重组改善对象模型

图16-2中，订单（Order）由运送选项、支付途径和购物篮组成，而订单由购买者创建，因此，我们对以上4个类的关系进行改善，得到如图16-3的对象模型。

图16-3中，购买者和出销者都是注册用户，它们是注册用户的子类；注册用户是公共用户的子类；通过继承关系，对图16-3用继承关系进行改善，得到图16-4的对象模型。

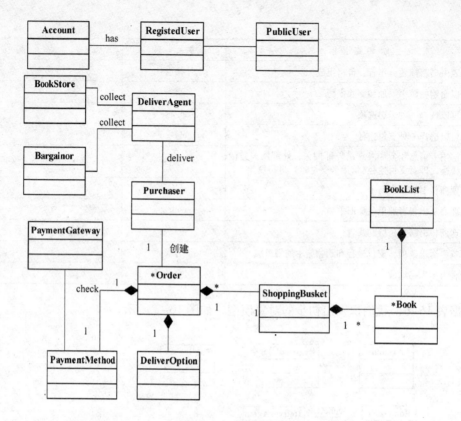

图 16-3　对象模型

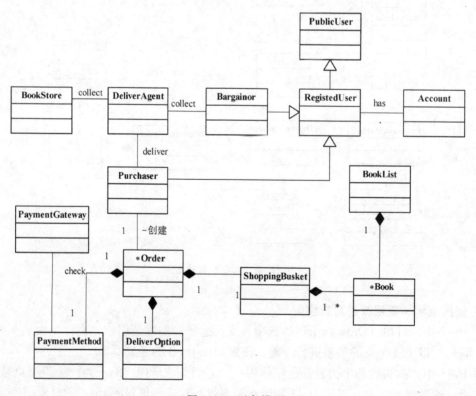

图 16-4　对象模型

6. 识别类的属性

根据问题陈述，得到每个对象的属性如图 16-5 所示。

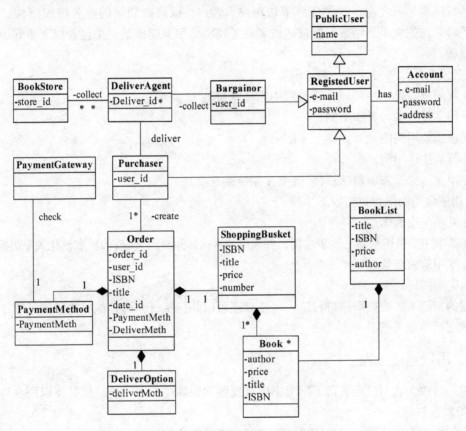

图 16-5　展示属性的对象模型

7. 为可能的查询验证访问路径

此步省略。

8. 迭代并细化该模型

在后面用例建模与分析过程中，对用例的事件流的文本进行文本分析，寻找系统候选对象，并修改现有的对象模型。

16.2　用例建模

在面向对象的软件开发过程中，我们采用用例建模来捕捉和定义用户的需求。

用例建模是一个从外部视角来描述软件系统的行为过程。用例描述系统将要做什么而不是如何做。因此，用例分析的重点是观察系统的外部表现而不是内部结构，用例分析让设计师关注系统的需求而不是实现。

用例图使得系统设计师从用户的角度去发现目标系统的需求。如果设计师在系统开发的早期阶段对用例图进行分析和研究，那么，设计的目标系统将更有可能符合用户需求。此外，设计师以用例图为中介，可以更好地与客户进行沟通，更准确获取用户的要求。

16.2.1 用例建模方法

在进行用例分析之前，首先应该采访用户、客户，以获取领域的业务组织结构、工作流程。然后将采访的成果总结成问题描述或者业务模型。用例建模是一个包含以下步骤的迭代和增量的过程。

1）开发初始用例模型的一般步骤

- 开发问题陈述（在领域分析过程中已经获得）。
- 识别主要的参与者和用例。
- 创建初始用例图。
- 简要地描述用例。
- 使用文本分析来识别/提取候选类（系统候选类）。

2）用例模型的细化包括以下步骤

- 开发基本用例描述。
- 在基本用例描述基础上逐步求精，并通过关系《include》、《extend》和泛化关系组织用例。
- 开发用例的场景。
- 确定用例优先级。

上面的步骤不需要按顺序进行。一些步骤还可以并行执行，而其他一些步骤可能在另一个步骤完成之后才能进行。

16.2.2 用例建模过程

在前一节中，我们已经获得了网上书店开发的问题陈述，下一步，就是要识别参与者。

1. 识别参与者

结合前面的问题陈述，通过回答下面的问题来寻找参与者。

- 谁将使用系统的主要功能？
- 谁支持系统的运行？
- 谁将使用系统的结果以及提交数据？
- 谁将需要维护、管理和操作该系统？
- 系统必须与什么硬件系统交互？
- 系统必须与其他什么计算机系统交互？

将使用系统的主要功能的参与者包括：公共用户（PublicUser）、注册用户（RegisteredUser）、出售者（Bargainor）、购买者（Purchaser）。

日常工作将需要系统的支持的参与者包括：公共用户（PublicUser）、注册用户（RegisteredUser）。

使用系统的结果以及提交数据的参与者包括：运送代理商（DeliverAgent）。

系统必须与之交互的系统是：外部支付网关（PaymentGateway）。

维护和管理系统的参与者是：系统管理员（administrator）。

因此主要的参与者包括：公共用户（PublicUser）、注册用户（RegisteredUser）、出售者（Bargainor）、购买者（Purchaser）、系统管理员（Administrator）、运送代理商（CarryAgent）、外部支付网关（PaymentGateway）。其中，注册用户包括：购买者和出售者。

下面，对每个参与者进行简要的描述，如表16-7所示。

表 16-7　参与者的简要描述

参 与 者	任务和职能描述
公共用户	公共用户（PublicUser）通过浏览器搜索书籍，浏览书籍列表，还可以注册为注册用户
注册用户	注册用户可以搜索书籍，登录系统
购买者	可以搜索书籍，登录系统，购买书籍
出售者	可以搜索书籍，登录系统，出售旧书
运送代理商	运送代理商负责收集书籍并将书籍交付给购买者
支付网关	检验用户信用卡信息是否有效，并根据书籍价格，数量和选择的运送选项，计算支付金额
运送代理商	从系统（System）那里收到送货单（order）后，收集书籍，把书送到购买者（Purchaser）那里
系统管理员	管理书籍信息，管理用户信息，接收订单，生成送货单，查看订单状态，发送运送请求，发送交付请求，更新出售者的账户

2. 识别用例

寻找用例是一个迭代过程。这个过程通常从采访用户（参与者）开始，这些用户直接或者间接地与系统交互。系统分析师需要记录每个参与者描述业务活动的场景，每个描述可能是一个候选用例。然后将这些候选用例进行修改、分解成更小的用例，或者将几个用例合并成一个用例。

分析师对每个参与者询问以下问题。

- 每个参与者要完成的主要任务是什么？
- 参与者使用本系统想要实现什么目标？
- 系统要操作和处理什么数据？
- 系统要解决什么问题？
- 当前系统主要存在什么主要问题？
- 未来系统如何能够简化用户的工作？

然后，系统分析师将每个参与者回答的问题记录下来，并整理成候选用例。通过参与者回答的问题，可以整理出以下用例，见表 16-8。

表 16-8　候选用例

参 与 者	用 例 描 述	用 例 说 明
公共用户（PublicUser）	搜索书籍	
	用户注册	
注册用户（RegisteredUser）	用户登录	
	搜索书籍	
购买者（Purchaser）	用户登录	
	搜索书籍	
	选购书籍	添加购物篮
	选择运送选项	
	选择支付方式	
	生成订单	
出售者（Bargainor）	用户登录	
	搜索书籍	
	出售旧书	

（续）

参 与 者	用 例 描 述	用 例 说 明
运送代理商（DeliverAgent）	收集书籍	该用例不属于本系统
	发送书籍	该用例不属于本系统
支付网关（PaymentGateway）	计算支付金额	该用例不属于本系统
系统管理员（Administrator）	管理书籍	
	管理用户	
	管理订单	
	查看订单状态	
	生成送货单	
	运送请求	
	交付请求	
	更新用户账户	

3. 画出初始用例模型

（1）公共用户（PublicUser）

公共用户如图 16-6 所示。

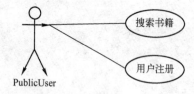

图 16-6 PublicUser 使用的用例

（2）注册用户（RegisteredUser）

注册用户如图 16-7 所示。

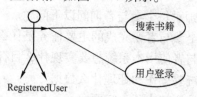

图 16-7 RegisteredUser 使用的用例

（3）购买者（Purchaser）

购买者如图 16-8 所示。

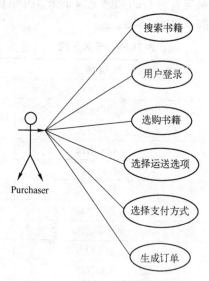

图 16-8 Purchaser 使用的用例

（4）出售者（Bargainor）

出售者如图 16-9 所示。

我们合并图 16-7、图 16-8、图 16-9 得到图 16-10。

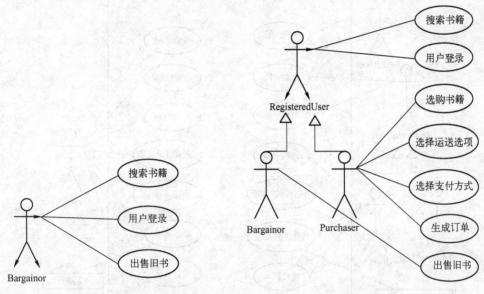

图 16-9　Bargainor 使用的用例

图 16-10　注册用户和子类的用例

我们合并图 16-6、图 16-10 得到图 16-11。

（5）系统管理员（Administrator）

系统管理员的职责通过用例表示，如图 16-12 所示。

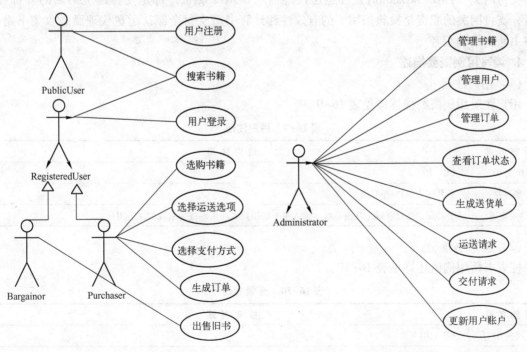

图 16-11　展示四种参与者的用例

图 16-12　Administrator 使用的用例

（6）网上书店的初始用例模型

我们合并图 16-11、图 16-12 得到网上书店系统的初始用例图，如图 16-13 所示。

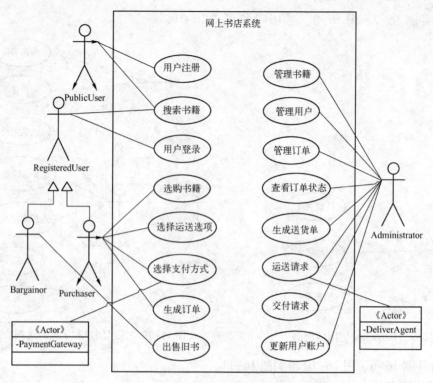

图 16-13　网上书店系统的初始用例模型

支付网关（PaymentGateway）和运送代理商（DeliverAgent）都是支持网上书店的外部参与者，支付网关的职责是检验信用卡的有效性和计算书籍支付金额；运送代理商是收集书籍，并将书籍交给购买者。

4. 编写用例概要描述

（1）用户注册

用户注册用例概要描述详见表 16-9。

表 16-9　用户注册

用例名称	用户注册
用例 ID	UC – 100
参与者	公共用户（PublicUser）
简要描述	公共用户通过在网上注册系统，输入唯一的用户名和密码成为系统的注册用户

（2）搜索书籍

搜索书籍用例概述详见表 16-10。

表 16-10　搜索书籍

用例名称	搜索书籍
用例 ID	UC – 101
参与者	公共用户、注册用户
简要描述	公共用户和注册用户可以通过输入关键字搜索书籍，关键字是书籍标题、作者、新书价格和旧书的价格范围。系统显示匹配关键字的书籍列表。书籍列表的每项均由书籍标题、作者、新书价格和旧书的价格范围组成。用户可以从列表中选取一本书以显示该书更加详细的信息（可用性、新书价格、旧书价格、内容列表、作者和 ISBN）。用户还可以将该书的一个副本（新书或者旧书）添加到购物篮中

（3）用户登录

用户登录用例概述详见表16-11。

表 16-11　用户登录

用 例 名 称	用 户 登 录
用例 ID	UC－102
参与者	注册用户（RegisteredUser）
简要描述	注册用户（RegisteredUser）输入已注册的用户名和密码登录到本网站

（4）选购书籍

选购书籍用例概述详见表16-12。

表 16-12　选购书籍

用 例 名 称	选 购 书 籍
用例 ID	UC－103
参与者	注册用户
简要描述	购买者（Purchaser）将要购买的书籍放进购物篮中，选择个人的付款方式和运送方式，即购买到此为止

（5）选择运送选项

选择运送选项用例概述详见表16-13。

表 16-13　选择运送选项

用 例 名 称	选择运送选项
用例 ID	UC－104
参与者	注册用户
简要描述	注册用户登录系统后，搜索想要购买的书籍，查看书籍的信息，把想购买的书籍添加到购物篮，并且选择运送方式

（6）选择支付方式

选择支付方式用例概述详见表16-14。

表 16-14　选择支付方式

用 例 名 称	选择支付方式
用例 ID	UC－105
参与者	注册用户
简要描述	注册用户选择运送方式后，必须选择支付方式，支付方式包括：信用卡支付和用户账户（Account）支付

（7）生成订单

生成订单用例概述详见表16-15。

表 16-15　生成订单

用 例 名 称	生 成 订 单
用例 ID	UC－106
参与者	注册用户
简要描述	注册用户选择了运送方式，支付方式，并向购物篮中添加了要购买的书籍后，生成用户订单，该订单包括：订单号，用户名，书号，书名，数量，书籍新旧状态，运送方式，支付方式等

（8）出售旧书

出售旧书用例概述详见表16-16。

表16-16　出售旧书

用例名称	出售旧书
用例ID	UC-107
参与者	注册用户
简要描述	如果注册客户有旧书要发售，系统将要求该用户输入书的价格、书的一般性状况，这些信息将在网站上发布

（9）管理书籍

管理书籍用例概述详见表16-17。

表16-17　管理书籍

用例	管理书籍
用例ID	UC-108
参与者	系统管理员
简要描述	系统管理员对库存中的书籍信息进行管理，比如书籍的详细信息，数量，新购买的书籍等等

（10）管理用户

管理用户用例概述详见表16-18。

表16-18　管理用户

用例	管理用户
用例ID	UC-109
参与者	系统管理员
简要描述	系统管理员可以查看用户列表，当输入一个注册客户的ID后，可以查看该注册客户的注册时间，注册电子邮件地址，家庭地址，用户账户所剩余额，以往订购书籍情况、出售书籍情况和最近订购书籍情况等等

（11）管理订单

管理订单用例概述详见表16-19。

表16-19　管理订单

用例	管理订单
用例ID	UC-110
参与者	系统管理员
简要描述	系统管理员对所有购买者的订单进行管理，根据订购的书籍情况，将一个订单分拆成多个送货单，并跟踪订单的执行情况。如，是否已支付了金额，一个订单分拆成的多个送货单完成情况

（12）查看订单状态

查看订单状态用例概述详见表16-20。

表16-20　查看订单状态

用例	查看订单状态
用例ID	UC-111
参与者	系统管理员
简要描述	系统管理员输入注册客户的ID，系统显示该注册客户的订单状态，如，一个客户如果有多个订单，可以查看哪些订单已经交付，哪些订单还没有交付，一个订单若分拆成几个送货单，则可以查询送货单的执行情况

（13）生成送货单

生成送货单用例概述详见表 16-21。

表 16-21　生成送货单

用　　例	生成送货单
用例 ID	UC – 112
参与者	系统管理员
简要描述	如果一个订单中的书籍由多个书店或出售者提供，那么，系统管理员必须将一个订单拆分为多个送货单

（14）运送请求

运送请求用例概述详见表 16-22。

表 16-22　运送请求

用　　例	运　送　请　求
用例 ID	UC – 113
参与者	系统管理员
简要描述	当注册客户把需要购买的书籍放进购物篮，以及选择了运送选项和支付途径，成功支付之后，系统管理员将通过系统通知某个运送代理商负责运送书籍。购买者若是订购新书，则请求运送代理商从书店收集；若是旧书，则请求运送代理商从出售者那里收集

（15）交付请求

交付请求用例概述详见表 16-23。

表 16-23　交付请求

用　　例	交　付　请　求
用例 ID	UC – 114
参与者	系统管理员
简要描述	如果注册客户订购的是旧书籍，则系统管理员将通过系统给出售者发送交付请求：告诉出售者，将有运送代理商从他那里收集书籍

（16）更新用户账户

更新用户账户用例概述详见表 16-24。

表 16-24　更新用户账户

用　　例	更新用户账户
用例 ID	UC – 115
参与者	系统管理员
简要描述	当运送代理商给系统发送消息，表明送送已经完成，并且，送货单中有旧书，系统将更新出售者的客户账户，将旧书价格减去服务费用之差存入到出售者的账户中

5. 进行文本分析、识别候选对象、对领域模型进行修订

我们把在问题陈述中识别的候选对象称为领域候选对象。当找出了初始用例，有了用例的概要描述后，就可以在用例描述中识别候选对象，在用例描述中识别的候选对象称为系统候选对象。

我们用文本分析法，对上面的 16 个用例描述进行对象识别后，发现"生成送货单"用例和"运送请求"用例描述中，出现了一个系统候选对象：送货单（DeliverOrder）。把这个候选对象加入到如图 16-5 所示的对象模型中，对图 16-5 的模型进行修正后，得到如图 16-14 所示的对象模型。

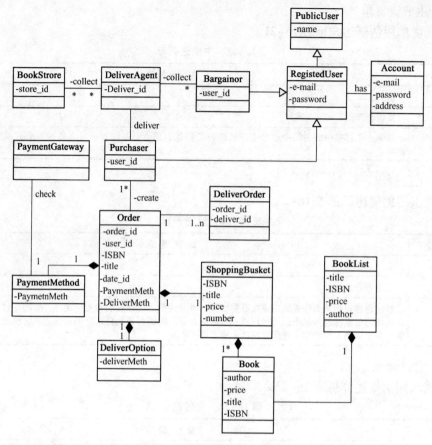

图 16-14　修正后的对象模型

说明，一个订单（Order）可以拆分为多个送货单（DeliverOrder）。

6. 开发基本用例描述

（1）用户注册

用户注册用例概述详见表 16-25。

表 16-25　用户注册

用例名称	用户注册
用例 ID	UC – 100
参与者	公共用户
简要描述	公共用户通过在网上注册系统成为注册客户
前件	公共用户打开网页浏览器，进入书店系统主页
后件	注册后的账号保存到系统数据库中
事件流	（1）客户通过 IE 打开连接到本网站的网页 （2）点击注册连接 （3）填写相关用户名，密码等基本信息 （4）确认信息提交 （5）通过邮箱或其他确认 （6）注册成功，登录修改完善其他信息
其他流和例外	在修改信息时，可以随时停止，以后完善注册信息也可以
非行为需求	系统每天应该能够处理新用户的注册信息

（2）搜索书籍

搜索书籍用例概述详见表16-26。

表16-26　搜索书籍

用例名称	搜索书籍
用例ID	UC－101
参与者	公共用户、注册用户
简要描述	公共用户和注册用户可以通过输入关键字搜索书籍，关键字是书籍标题、作者、新书价格和旧书的价格范围。系统显示匹配关键字的书籍列表。书籍列表的每项均由书籍标题、作者、新书价格和旧书的价格范围组成。用户可以从列表中选取一本书以显示该书更加详细的信息（可用性、新书价格、旧书价格、内容列表、作者和ISBN）。用户还可以将该书的一个副本（新书或者旧书）添加到购物篮中
前件	关键字是书籍标题、作者、新书价格和旧书的价格范围
后件	显示更详细的书信息或者书被购物者添加到购物篮中
事件流	（1）用户输入关键字进行搜索 （2）系统向用户列出相应书籍列表 （3）用户可以点击看书的详细信息 （4）用户将书添加到购物篮中
其他流和例外	用户对书的列表不满意，放弃当前操作，继续搜索
非行为需求	搜索等待时间不能超过1秒

（3）用户登录

用户登录用例概述详见表16-27。

表16-27　用户登录

用例名称	用户登录
用例ID	UC－102
参与者	注册用户（RegisteredClient）
简要描述	注册用户（RegisteredClient）输入已注册的用户名和密码登录到本网站
前件	进入系统主页
后件	登录成功
事件流	（1）用户打开本网站，打开登录页面 （2）用户输入用户名和密码 （3）用户登录 （4）登录成功
其他流和例外	在登录时，可以随时停止，以后再登录
非行为需求	系统每天应该能够处理用户登录验证
问题	用户是否是合法用户，输入用户名和密码是否有效
来源	用户信息表

（4）选购书籍

选购书籍用例概述详见表16-28。

表16-28　选购书籍

用例名称	选购书籍
用例ID	UC－103
参与者	注册用户
简要描述	自系统（System）向用户（Client）列出关键字匹配的书籍后，购买者（buyer）将要购买的书籍放进购物篮中，拥有注册用户（registeredClient）登录结账，选择个人的付款方式和运送方式，即购买到此为止

用 例 名 称	选择运送选项
前件	购买者必须有账号
后件	创建的订单保存到系统库中
事件流	（1）购买者登录账户 （2）购买者搜索要购买的图书 （3）将要购买的书籍放入购物篮 （4）购买者选择付款方式和运送方式 （5）购买者提交订单
其他流和例外	购买者可以在规定时间内取消订单
非行为需求	系统能够并发处理来自各地的订单

（5）选择运送选项

选择运送选项用例概述详见表16-29。

表 16-29 选择运送选项

用 例 名 称	选择运送选项
用例 ID	UC-104
参与者	注册用户
描述	注册用户登录系统后，搜索想要购买的书籍，查看书籍的信息，把想购买的书籍添加到购物篮，并且选择运送方式
前件	书籍已经放入购物篮
后件	确定运送方式
事件流	（1）选择运送方式 （2）确定运送方式
其他流和例外	可以重新选择运送方式
非行为需求	

（6）选择支付方式

选择支付方式用例概述详见表16-30。

表 16-30 选择支付方式

用 例 名 称	选择支付方式
用例 ID	UC-105
参与者	注册用户
简要描述	注册用户选择运送方式后，必须选择支付方式，支付方式包括：信用卡支付和用户账户（Account）支付
前件	用户已经选择运送选项
后件	通过客户选择的支付途径创建订单
事件流	（1）选择信用卡支付的用户输入信用卡的信息 （2）系统将信用卡信息和支付的金额发送到外部的支付网关 （3）外部网关计算支付金额，批准交易 （4）选择客户账户支付且有足够的余额，系统从账户中收费 （5）完成支付后，生成订单
其他流和例外	如果信用卡或者客户账户中没有足够的余额，支付失败，交易失败

（7）生成订单

生成订单用例概述详见表16-31。

表16-31　生成订单

用 例 名 称	生 成 订 单
用例 ID	UC – 106
参与者	注册用户
简要描述	注册用户选择了运送方式，支付方式，并向购物篮中添加了要购买的书籍后，生成用户订单，该订单包括：订单号，用户名，书号，书名，数量，书籍新旧状态，运送方式，支付方式等
前件	用户已经完成费用支付
后件	购买者创建订单，并保存到系统中
事件流	（1）确认购买的书籍无误 （2）提交订单 （3）完成购买
其他流和例外	可以取消和删除订单，或者重新创建订单

（8）出售旧书

出售旧书用例概述详见表16-32。

表16-32　出售旧书

用 例 名 称	出 售 旧 书
用例 ID	UC – 107
参与者	注册用户
简要描述	如果注册客户有旧书要发售，系统将要求该用户输入书的价格、书的一般性状况，这些信息将在网站上发布
前件	该用户必须在本系统中注册
后件	注册客户输入旧书的销售价格和一般性状况，并保存在系统中
事件流	（1）用户将要出售的旧书贴出 （2）系统要求用户输入价格和该旧书的一般性状况 （3）系统进一步要求用户输入电子邮件和客户账户口令
其他流和例外	如果用户没有客户账户，该用户必须先创建一个新的账户

（9）管理书籍

管理书籍用例概述详见表16-33。

表16-33　管理书籍

用 例	管 理 书 籍
用例 ID	UC – 108
参与者	系统管理员
简要描述	系统管理员对库存中的书籍信息进行管理，比如书籍的详细信息，数量，新购买的书籍等等
前件	登录管理系统
后件	更新书籍信息
事件流	（1）如果书籍的信息有改动，及时更新该书籍的信息 （2）更新旧书发售的最新变动
其他流和例外	

（10）管理用户

管理用户用例概述详见表 16-34。

表 16-34　管理用户

用　　例	管　理　用　户
用例 ID	UC - 109
参与者	系统管理员
简要描述	系统管理员可以查看用户列表，当输入一个注册客户的 ID 后，可以查看该注册客户的注册时间，注册电子邮件地址，家庭地址，用户账户所剩余额，以往订购书籍情况、出售书籍情况和最近订购书籍情况等等
前件	登录管理系统
后件	更新注册用户信息
事件流	（1）如果用户的信息有改动，及时更新该用户的信息 （2）如果用户账户有变动，要及时更新账户信息
其他流和例外	清理垃圾用户

（11）管理订单

管理订单用例概述详见表 16-35。

表 16-35　管理订单

用　　例	管　理　订　单
用例 ID	UC - 110
参与者	系统管理员
简要描述	系统管理员对所有购买者的订单进行管理，根据订购的书籍情况，将一个订单分拆成多个送货单，并跟踪订单的执行情况。如，是否已支付了金额，一个订单分拆成的多个送货单完成情况
前件	登录管理系统
后件	整理出已付款订单、未付款订单、已完成交易的订单
事件流	（1）标识出未支付书籍费用的订单 （2）标识出已支付书籍费用的订单 （3）标识出已完成交易的订单 （4）标识出已支付费用，还未完成交易的订单
其他流和例外	

（12）查看订单状态

查看订单状态用例概述详见表 16-36。

表 16-36　查看订单状态

用　　例	查　看　订　单　状　态
用例 ID	UC - 111
参与者	系统管理员，购买者
简要描述	系统管理员输入注册客户的 ID，系统显示该注册客户的订单状态，如，一个客户如果有多个订单，可以查看哪些订单已经交付，哪些订单还没有交付，一个订单若分拆成几个送货单，则可以查询送货单的执行情况
前件	登录系统
后件	系统显示订单的付款情况，送货情况
事件流	（1）登录系统 （2）输入订单标识号（id） （3）系统列出订单交易情况表
其他流和例外	

（13）生成送货单

生成送货单用例概述详见表16-37。

表 16-37　生成送货单

用　　例	生成送货单
用例 ID	UC - 112
参与者	系统管理员
简要描述	如果一个订单中的书籍由多个书店或出售者提供，那么，系统管理员必须将一个订单拆分为多个送货单
前件	登录系统
后件	将完成支付的订单生成多张送货单
事件流	（1）登录系统 （2）筛选出已经支付费用的订单 （3）根据订单中的书籍情况（新书，旧书），数量，将一个订单生成多个送货单
其他流和例外	

（14）运送请求

运送请求用例概述详见表16-38。

表 16-38　运送请求

用　　例	运　送　请　求
用例 ID	UC - 113
参与者	系统管理员
简要描述	当注册客户把需要购买的书籍放进购物篮，以及选择了运送选项和支付途径，成功支付之后，系统管理员将通过系统通知某个运送代理商负责运送书籍。购买者若是订购新书，则请求运送代理商从书店收集；若是旧书，则请求运送代理商从出售者那里收集
前件	购买者已成功支付，送货单已生成
后件	送货请求（新书请求在书店收集，旧书从出售者那里收集）和送货单发给运送代理商
事件流	（1）找出送货单 （2）查看送货单中的书籍是新书还是旧书，据此得到请求信号：如果是新书，则给运送代理商发送的请求信号是：从书店收集；如果是旧书，则给运送代理商的请求信号是：从出售者那里收集 （3）如果是旧书，系统给出售者发送交付信号是：把旧书交给运送代理商 （4）运送代理商收集书籍后并将书籍运送到购买者手中
其他流和例外	在任何时刻，系统管理员能够决定暂停发送请求的操作或者修改具体是哪个运送代理商负责运送

（15）交付请求

交付请求用例概述详见表16-39。

表 16-39　交付请求

用　　例	交　付　请　求
用例 ID	UC - 114
参与者	系统管理员
简要描述	如果注册客户订购的是旧书籍，则系统管理员将通过系统给出售者发送交付请求：告诉出售者，将有运送代理商从他那里收集书籍
前件	购买者已订购旧书籍并且已成功支付
后件	系统给出售者发送交付请求，旧书交给运送代理商
事件流	（1）系统管理员找出是购买旧书的送货单 （2）系统给出售旧书籍的出售者发送交付请求信号：把就收交给运送代理商
其他流和例外	系统管理员能够决定暂停交付请求的操作并在以后重新处理

（16）更新用户账户

更新用户账户用例概述详见表16-40。

表 16-40　更新用户账户

用　　例	更新用户账户
用例 ID	UC - 115
参与者	系统管理员
简要描述	当运送代理商给系统发送消息，表明运送已经完成，并且，送货单中有旧书，系统将更新出售者的客户账户，将旧书价格减去服务费用之差存入到出售者的账户中
前件	系统收到书籍已经送达给购买者，同时是旧书
后件	系统更新出售者账户
事件流	（1）系统管理员根据运送代理商发来的表明运送已经完成的信息，查看出售者的详细信息 （2）系统管理员通过系统将旧书价格减去服务费用之差存入到出售者的客户金额中
其他流和例外	

当完成了以上15个用例的编写后，我们与购买者、出售者、运送代理商、系统管理员进行沟通后，发现遗漏了三个用例：查看书籍详细信息、账户支付和信用卡支付。下面是这三个用例的基本描述。

（17）查看书籍的详细信息

查看书籍的详细信息用例概述详见表16-41。

表 16-41　查看书籍详细信息

用 例 名 称	查看书籍详细信息
用例 ID	UC - 116
参与者	注册用户，公共用户
简要描述	公共用户和注册用户通过关键字搜索书籍后，系统显示书籍列表，用户可以在书籍列表中选取一本书，查看它的详细信息
前件	用户从书籍列表中选取一本书
后件	系统显示书籍的详细信息
事件流	（1）进入系统主页 （2）按关键字搜索书籍 （3）系统列出书籍列表 （4）用户从列表中选取一本书 （5）系统列出书籍的详细信息

（18）账户支付

账户支付用例概述详见表16-42。

表 16-42　账户支付

用　　例	账 户 支 付
用例 ID	UC - 117
参与者	
简要描述	当购买者选择账户支付后，系统计算书籍费用的总和，从用户的账户中扣除这笔费用
前件	购买者选择了账户支付
后件	系统更新购买者账户
事件流	（1）计算购买的书籍总费用 （2）从用户账户中减去书籍总费用
其他流和例外	账户费用不够时，提示账户支付失败，要求用户重新选择支付方式

（19）信用卡支付

信用卡支付用例概述详见表16-43。

表16-43　信用卡支付

用　　例	信用卡支付
用例 ID	UC - 18
参与者	
描述	当购买者选择信用卡支付后，系统要求用户输入信用卡的卡号，类型，过期时间，系统将信用卡信息，要支付的书籍金额发送给外部网关，由银行扣费
前件	购买者选择了信用卡支付
后件	通过网关，从用户在银行的信用卡上扣费
事件流	（1）计算购买的书籍总费用 （2）从用户信用卡上减去书籍总费用
其他流和例外	信用卡无效，或信用卡上金额不足时，信用卡支付失败，系统要求用户重新选择支付方式

7. 逐步细化基本用例描述，并确定用例之间的关系

很明显，"查看书籍详细信息"是"搜索书籍"的扩展用例；"账户支付"和"信用卡支付"是"选择支付方式"的扩展用例。

我们对图16-13进行修正，得到如图16-15所示的结构化用例图，该图反映了用例之间的关系。

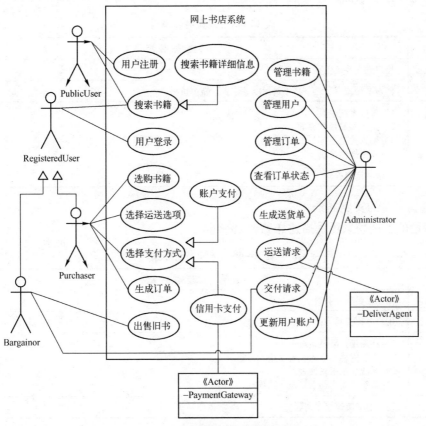

图16-15　反映用例关系的用例图

8. 开发实例场景

用例是对一组场景共同行为的描述，场景是用例的一次具体执行。即，场景是用例的实例。有时为了更好地理解用例，了解用例的细节，我们必须为一个用例创建多个场景，通过场景来分析用例。场景还可以作为测试案例。

下面我们为某些用例创建场景。

（1）用户注册场景

用户注册场景场景描述详见表 16-44。

表 16-44 用户注册场景

用 例 名 称	用 户 注 册
环境情况与假设	公共用户有希望通过网站购买想要的书籍
输入	唯一的用户名和密码，填写个人基本信息
事件流	1）公共用户进入注册界面 2）在相关表单上填写用户名，密码和个人基本信息 3）确认个人基本信息 4）提交个人基本信息
输出	个人基本信息

（2）搜索书籍场景

搜索书籍场景场景描述详见表 16-45。

表 16-45 搜索书籍场景

用 例 名 称	搜 索 书 籍
环境情况与假设	用户进入系统主页
输入	输入书籍关键字之一：书籍标题、作者、新书价格
事件流	1）进入系统主页 2）进入书籍搜索界面 3）输入关键字 4）点击搜索按钮
输出	显示书籍列表

（3）选购书籍的实例场景

选购书籍的实例场景场景描述详见表 16-46。

表 16-46 选购书籍场景

用 例 名 称	选 购 书 籍
环境情况与假设	用户想要购买书籍
输入	用户名和密码
事件流	1）注册用户登录系统 2）在搜索栏中输入关键字搜索书籍 3）系统显示书籍列表 4）选择将需要的书籍放入购物篮
输出	需要的书籍保存在购物篮

（4）更新用户账户的实例场景

更新用户账户的实例场景场景描述详见表 16-47。

表 16-47　更新用户账户场景

用例名称	更新用户账户
环境情况和假设	小王已经收到所购买的旧书籍，运送代理商向系统发出交易完成的消息
输入	系统收到旧书（小赵出售的旧书）已送给小王手中的消息
事件流描述	（1）系统收到运送代理商发来的已完成运送消息 （2）系统管理员通过系统更新旧书籍所有者小赵的账户，把旧书价格 15 元减去服务费用 1 元，结果为 14 元，存入到小赵的账户中
输出	更新小赵的账户

16.3　动态建模

分析师通过类图对系统的静态方面建模。但是，类图不能描述系统动态方面的任何信息，如在用例执行期间，如何描述对象之间的协作关系。

动态模型描述了实现用例的对象之间如何交互、参与者与用例之间如何实现通信，以及对象在其生命周期内如何演变，即对象的状态变化。

在 UML 中，总共有 4 种动态模型，即顺序图、协作图、状态图和活动图。这 4 个模型提供了关于系统的不同层次的抽象。

场景建模描述了用例中的对象在某个场景中如何交互。场景是用例的一次具体执行过程，是用例的某条执行路径发生的一系列动作。

16.3.1　动态建模方法

动态建模首先从开发用例场景（我们用顺序图来描述场景）开始，第二步采用迭代和增量的方式进行细化。在这个过程中，还有可能为那些具有复杂内部状态转换的对象开发状态图。

在开发系统动态模型过程中一般采用以下步骤。

1）开发用例场景。

2）开发系统级顺序图。

3）开发子系统级顺序图（简单系统可选）。

4）开发子系统级状态图（简单系统可选）。

5）开发三层顺序图。

6）开发三层协作图（可选）。

7）为每个主动（控制）对象开发状态图。

16.3.2　动态建模过程

在前面的用例建模实例中，完成网上购书是由多个用例协作来实现的，即由用户登录→搜索书籍→选购书籍→选择运送途径→选择支付方式→生成订单→生成送货单→运送请求八个用例来完成购书的。在本节，为了建立系统级顺序图，我们再编写一个粒度大的用例：购书用例。

下面是购书用例的基本描述，见表 16-48。

表 16-48　购书用例描述

用 例 名 称	购　书
用例 ID	UC – 200
参与者	购买者
简要描述	购买者（buyer）登录系统后，将要购买的书籍放进购物篮中，然后，选择运送途径、支付方式、生成订单、等待代理商送货上门
前件	购买者必须有账号，或者信用卡
后件	创建的订单保存到系统库中
事件流	（1）购买者登录账户 （2）购买者搜索要购买的图书 （3）将要购买的书籍放入购物篮 （4）选择运送方式 （5）选择支付方式，支付费用 （6）系统生成订单 （7）用户确认订单 （8）系统将书籍送给购买者
其他流和例外	购买者可以在规定时间内取消订单
非行为需求	系统能够并发处理来自各地的订单

1. 开发用例场景

"购书"用例有多条执行路径，在这里，我们只为主场景编写事件流，在编写事件流时，我们只关注参与者（购买者）与用例（把网上书店看成一个用例）交互的步骤，只描述购买者看得见的行为，参与者不可见的行为就不要描述，例如，账户验证对购买者来说不可见，就不需要描述了。下面是"购书"用例主场景的事件流，见表 16-49 所示。

表 16-49　购书用例主场景事件流

事　件　流
（1）用户点击系统登录界面 （2）系统提示用户输入用户名和密码 （3）用户输入用户名和密码 （4）系统提示用户选择服务 （5）用户选择搜索书籍 （6）系统提示输入关键字搜索书籍 （7）用户输入关键字 （8）系统列出相关书籍信息 （9）用户将要购买的书籍副本添加到购物篮中，此步骤重复执行，直到用户满意 （10）系统提示用户选择运送选项 （11）用户选择运送选项 （12）系统提示用户选择支付途径 （13）用户选择支付途径（信用卡支付，账户支付） （14）系统提示支付成功，并生成订单 （15）用户确认订单 （16）系统将书籍送给用户

2. 开发系统级顺序图

根据表 16-49，我们在这里筛选出参与者输入事件 – 系统响应事件。如表 16-50 所示。

表 16-50　参与者输入事件 – 系统响应事件

用户输入事件	系统响应事件
	系统提示用户输入账号
用户输入账号	
	系统提示用户选择服务
用户选择搜索书籍	
	系统提示输入搜索关键字
用户输入关键字	
	系统列出相关书籍
用户将书籍副本放入购物篮	
	系统提示用户选择运送方式
用户选择运送选项	
	系统提示用户选择支付方式
用户选择支付方式	
	系统提示支付成功并生成订单
用户确认订单	
	系统将书籍送给用户

现在可以将表 16-50 映射为图 16-16 所示的系统级顺序图。

图 16-16　系统级顺序图

3. 开发子系统级顺序图

在前面用例建模中，已经知道购买书籍的行为需要支付网关和运送代理商支持，因此，网上购书系统涉及三个子系统：网上书店系统、支付网关和代理商的物流系统。

我们现在来寻找子系统之间的消息交互，进一步细化系统级顺序图。在寻找子系统之间的消息交互时，首先对购书活动进行建模。

（1）购书活动图

购书活动图，如图 16-17 所示。

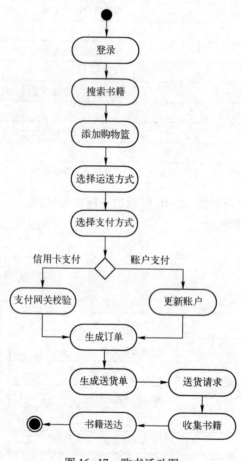

图 16-17　购书活动图

（2）对系统级消息进行细化

对于表 16-50 中的每一对"参与者输入/系统响应"进行细化，通过回答下面的问题，以找出子系统之间的消息交互。

- 哪个子系统为参与者提供界面？
- 哪个子系统接收消息，如何处理消息？
- 子系统需要其他子系统的帮助吗？如何帮助的呢？

对表 16-50 进行细化，得到各子系统之间的响应事件如表 16-51 所示。

表 16-51 子系统之间的响应事件列表

用 户	书 店 系 统	支 付 网 关	物 流 系 统
	提示用户输入账号		
输入账号			
	提示用户选择服务		
选择搜索书籍			
	提示输入关键字		
用户输入关键字			
	列出相关书籍		
将书籍副本放入购物篮			
	提示用户选择运送方式		
用户选择运送选项			
	系统提示用户选择支付方式		
账户支付或信用卡支付			
	若是账户支付，则系统更新账户	若是信用卡支付，则网关扣费	
	系统提示支付成功并生成订单		
用户确认订单			
	生成送货单，向物流系统请求送货		
			收集书籍
			将书籍送给用户

现在可以将表 16-51 映射为图 16-18 所示的子系统级顺序图。

4. 开发第三层顺序图

对于已经开发出子系统级顺序图，现在要通过分析对象之间发送的消息来识别边界对象、控制对象和实体对象。例如，消息"用户登录"从用户发送到网上书店，意味着网上书店应该提供一个界面（界面是边界对象），以便用户输入账号；网上书店还必须提供一个控制对象，该对象读取账号，并验证账号是否有效（验证账号的对象：AccountVeri）。用户支付成功后，应该有一个订单处理器，该处理器的职责是：创建订单、将订单拆分成送货单。

我们分析"购书"活动图后，得到第三级顺序图，如图 16-19 所示。

5. 开发状态图

识别对象的状态图变化非常重要，它有助于更加容易地实现系统，因为状态图可以很容易地翻译成程序代码。下面，我们给出网上书店系统购买者的状态图和信用卡的状态图。

（1）购买者的状态图

购买者的状态变化，如图 16-20 所示。

（2）送货代理商的状态图

送货代理商的状态变化，如图 16-21 所示。

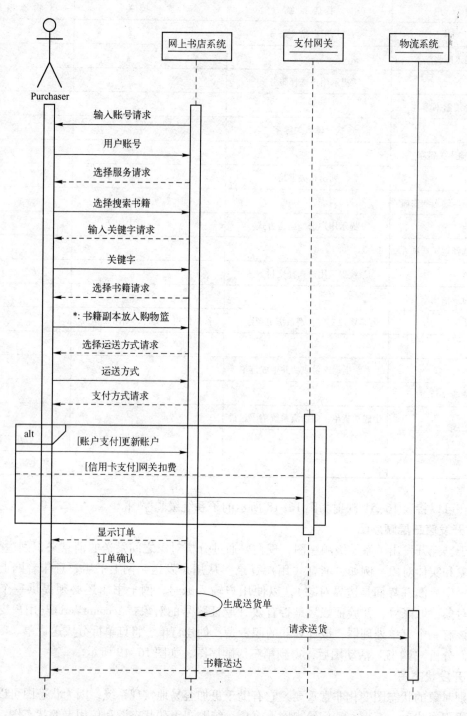

图 16-18　子系统级顺序图

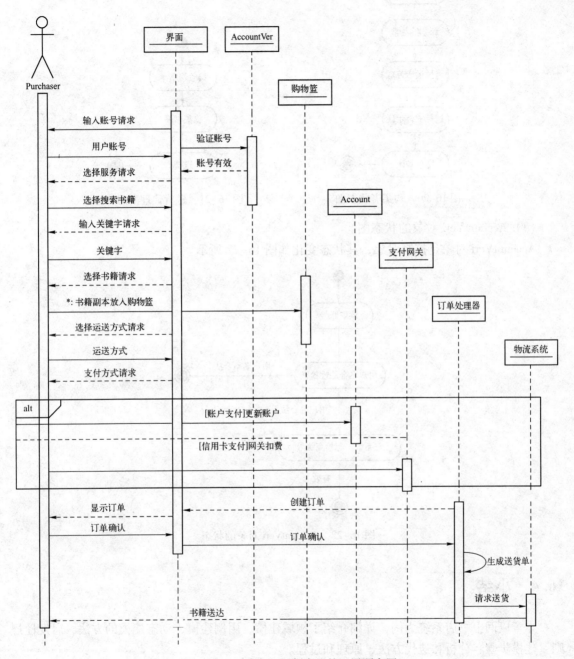

图 16-19 "购书"用例实现的三层顺序图

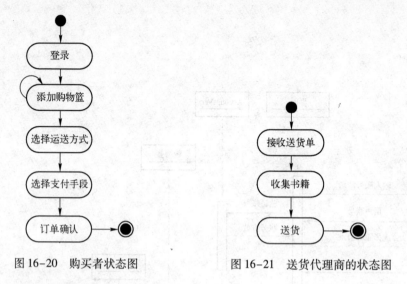

图 16-20　购买者状态图　　　　　图 16-21　送货代理商的状态图

（3）AccountVeri 对象的状态图

AccountVeri 对象是控制对象，其状态变化如图 16-22 所示。

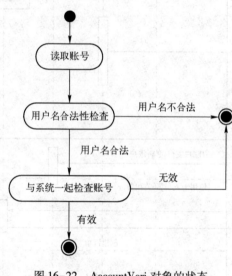

图 16-22　AccountVeri 对象的状态

16.4　小结

本章以网上书店系统为例，详细介绍了领域建模、用例建模、动态建模的方法、启发性规则、建模步骤、分析和迭代方法、原理和过程。

16.5　习题

1. 请对 ATM 系统进行领域建模和用例建模。
2. 请对本单位工资管理系统进行领域建模、用例建模和动态建模。

第 17 章　气象监测系统分析与设计

本章以气象监测系统为例，以 RUP 方法对实时控制系统进行增量和迭代分析，此例详细演示了 RUP 过程、类设计过程和迭代过程。

17.1　初始阶段

气象监测系统由少数的几个类构成。通过面向对象的开发方法，演示了 RUP 开发过程的基本原则、开发流程和迭代方法。

17.1.1　气象监测系统需求

本系统通过传感器实现各种气象条件的自动采样、检测。要采样和测量的数据如下。
- 风速和风向。
- 温度。
- 气压。
- 湿度。

系统应该提供一个设置当前时间和日期的方法，以便报告过去 24 小时内 4 种主要测量数据的最高值和最低值。

同时，系统还应通过上面的数据导出下面的数据。
- 风冷度。
- 露点温度。
- 温度趋势。
- 气压趋势。

系统还应该提供一个显示屏不断显示上面 8 个主要数据，同时显示当前的时间和日期。用户可以通过键盘选择某一个主要测量指标（如，温度、湿度），让系统显示该测量指标在 24 小时内的最高值和最低值，以及出现这些值的时间。

系统应该允许用户根据已知值来校正传感器，并允许用户设置当前的时间和日期。

17.1.2　定义问题的边界

下面确定系统的硬件平台和要求。在对软件系统进行分析和设计之前，首先必须确定硬件平台，我们做以下假定。
- 处理器（即 CPU）采用 PC 或手持设备。
- 时间和日期由一个时钟提供。
- 通过远端的传感器来测量温度、气压和湿度。
- 用一个带有风向标（能感知 16 个方向中任意方向的风）和一些风杯（进行计数的计数器）的标柱测量风向和风速。
- 通过键盘提供用户输入。

- 显示器是一个 LCD 图形设备。
- 计算机每 1/60 秒产生一次定时器中断。

图 17-1 展示了这个硬件平台的部署图。

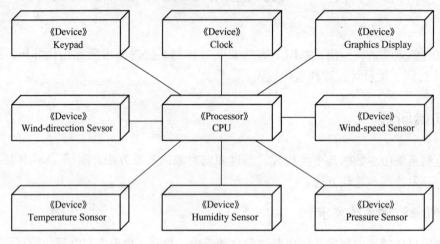

图 17-1　硬件平台部署图

面向对象的开发方法，最关键之处在于抽取问题领域中的类。即设计软件类，以模拟硬件设备。例如，可以设计一个简单的时间日期类（TimeDate），以跟踪当前的日期和时间。包括时、分、秒、日、月和年。

时间和日期类的责任必须包括设定日期和时间。为了完成这个责任，需要提供一些操作来设置时间和日期，通过操作：setHour、setMinute、setSecond、setDay、setMonth 和 setYear 来满足用户的需求。

根据前面的分析，我们设计出日期和时间类。

类名：TimeDate

责任：跟踪当前的时间、日期

操作：

currentTime

currentDate

setFormat

setHour

setMinute

setSecond

setMonth

setDay

setYear

属性：

Time

Date

TimeDate 对象有两种状态：初始化状态和运行状态（运行在 24 - hour mode 状态下）。进入初始化状态时，系统重新设置对象的 time 和 date 属性值，然后无条件地进入运行状态。运

198

行状态是个复合状态，里面有两个子状态。在运行状态下，setFormat 操作可以实现 12 – hour mode 和 24 – hour mode 之间切换。无论对象处于哪种模式，设置时间和日期都会引起对象重新初始化它的属性，如图 17-2 所示。

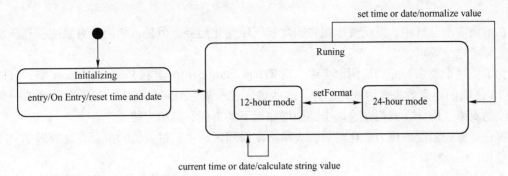

图 17-2　TimeDate 对象状态图

下面设计一个温度传感器类模拟温度传感器。通过对温度传感器的初步分析，设计出温度传感器类。

类名：Temperature Sensor

责任：跟踪当前温度

操作：

currentTemperature

setlowTemperature

sethighTemperature

属性：

temperature

现在，假定每个温度传感器值用一个定点数表示，它的低点和高点可以校正到适合已知的实际值，在这两点之间用简单的线性内插法将中间的数字转换为实际的温度，如图 17-3 所示。

系统中已经有了实际的温度传感器，为什么还要声明一个类来模拟实际的温度传感器呢？因为，在这个系统中，我们已经知道要多次使用这个对象，为了降低软件与硬件的耦合度，我们的策略是，设计一个 Temperature Sensor 类。实际上，特定系统中温度传感器的数目与软件的体系结构关系不大。通过设计一个 Temperature Sensor 类，可以使得这个系统的其他成员能够简单操作任意数目的传感器。

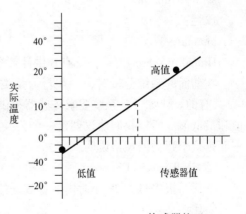

图 17-3　Temperature 传感器校正

同理，通过分析，下面得出气压传感器的规格说明。

类名：Pressure Sensor

责任：跟踪当前气压

操作：

currentPressure

setlowPressure

sethighPressure

属性：

pressure

在前面需求分析中，系统要求报告温度和气压变化趋势，但是，我们在对温度和气压设计时，遗漏了这个要求。

为了把这个要求补充到这两个类中。对 Temperature Sensor 类和 Pressure Sensor 类，可以用 −1 和 1 之间的浮点数来表达变化趋势，这些数字表示某个时间区间上，若干个数值的一条拟合直线的斜率。因此，我们在这两个类中增加以下的责任和其相应的操作。

责任：报告温度或压力变化趋势，表示给定时间区间上，过去值的拟合直线的斜率。

操作：trend

trend 操作是 Temperature Sensor 类和 Pressure Sensor 类共有的行为，建议创建一个公共的超类 Trend Sensor 负责提供这个共同行为。

在以前的设计中，多个传感器的共同行为作为传感器类本身的一个责任。其实，我们也可以把这个共同行为作为某个外部代理类的责任，通过代理定期查询所有的传感器，然后计算出每个传感器测量的数据变化趋势，这种设计比较复杂，往往很少采用。

通过初步分析，设计出湿度传感器类的规格说明。

类名：Humidity Sensor

责任：跟踪当前湿度，表示为百分比，范围是 0%～100%

操作：

currentHumidity

setlowHumidity

sethighHumidity

属性：

humidity

Humidity sensor 类中，没有提供计算湿度变化趋势的责任。

在前面的系统分析时，一些行为是类 Temperature Sensor、Pressure Sensor 和 Humidity Sensor 共有的。比如说，系统要求传感器提供一种方式来报告过去 24 小时内每种测量数据的最高值和最低值。所以我们建议创建一个公共的超类 Historical Sensor，负责提供这个公共的行为。下面是这个超类的规格说明。

类名：Historical Sensor

责任：报告过去 24 小时内测量数据的最高和最低值

操作：

highValue

lowValue

timeOfhighValue

timeOflowValue

根据前面的分析，下面设计出风速传感器类。

类名：WindSpeed Sensor

责任：跟踪当前风向

操作：

currentSpeed

setlowSpeed

sethighSpeed

属性：

speed

因为不能够直接探测出当前的风速。风速的计算方法是：将标柱上风杯的旋转次数除以计数间隔，然后乘以与特定的标柱装置对应的比例值。

对上面 4 个具体类（温度传感器、压力传感器、湿度传感器和风速传感器）做快速的领域分析，可以发现它们有一个共同的特点，那就是可以根据两个已知的数据点，用线性内插法来校正自己。为了给四个类中提供这个行为，可以创建一个更高一级的超类 Calibrating Sensor（校正传感器）来负责这个行为，它的规格说明如下。

类名：Calibrating Sensor

责任：给定两个已知数据点，提供线性内插值

操作：

currentValue

setlowValue

sethighValue

Calibrating Sensor 类是 Historical Sensor 类的直接超类。

风向传感器既不需要校正，也不需要报告历史趋势。下面是这个类的设计。

类名：Winddirection Sensor

责任：跟踪当前风向，表达为罗盘图上的点

操作：currentDirection

属性：direction

为了将所有的传感器类组织成一个层次结构，创建抽象基类 Sensor，该类作为 Winddirection Sensor 和类 Calibrating Sensor 的直接超类。图 17-4 说明了这个完整的层次结构。

下面设计边界类，它们是：小键盘类、显示器类、时钟类。

小键盘的规格说明如下。

类名：Keypad

责任：跟踪最近一次用户输入

操作：lastKeyPress

属性：key

值得注意的是，这个键盘仅仅知道几个键中的某个键被按下，把解释每个键的含义的责任委托给其他的不同的类。

图 17-5 提供了一个通用的显示界面原型。在这个原型中，省略了对系统需求中的风冷度和露点，也没有显示在过去 24 小时内主要测量数据的最高值或最低值的细节。同时，需求提出某些显示模式：某些数据需要用文本显示（以两种不同的大小和两种不同的风格）、某些数据用圆和线条显示（粗细不同）；需求还要求，一些元素是静态的（如 temp 标签），另外一些元素是动态的（如风向）。在分析阶段，初步决定用软件来显示这些静态和动态元素。

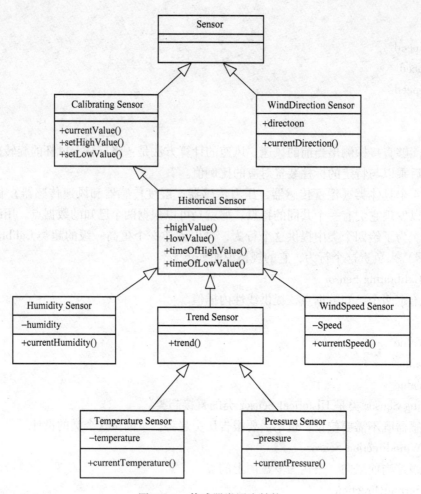

图 17-4　传感器类层次结构

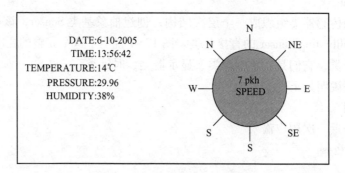

图 17-5　气象监测系统显示面板

下面是对 LCD（显示类）的规格说明。

类名：LCD Device

责任：管理 LCD 设备，为显示某些图形元素提供服务

操作：

drawText

drawLine

drawCircle

settextSize

settextStyle

setpenSize

正像 Keypad 类一样，LCD Device 对象并不知道它所操纵的元素含义，该类对象仅仅知道怎样显示文字和直线，而不知道这些图形代表什么含义。以这种方式来设计 LCD 类时，必须提供一个代理来负责将传感器数据转换为显示器可以识别的数据。这个代理的设计将会在后边介绍。

最后一个需要设计的边界类是定时器。这里假定系统中有且只有一个定时器，它每隔 1/60 秒向计算机发出中断，调用一个中断服务例程。

图 17-6 演示了时钟对象与客户之间的交互。从图中可以看出，定时器如何和他的客户协作：首先，客户向时钟发出一个回调函数，然后每隔 1/60 秒定时器调用这个函数。在这种方式中，客户不必知道如何去截取定时事件，定时器也不必知道当一个定时事件出现时该怎么去做。这个协议要求客户必须在 1/60 秒之内执行完其回调函数，否则定时器将错过一个事件。

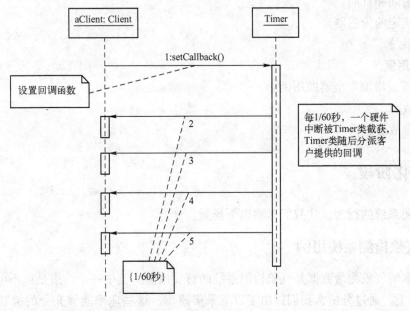

图 17-6　时钟对象与客户之间的交互

下面是时钟类的规格说明。

类名：Timer

责任：截取定时事件，相应分派回调函数

操作：setCallBack

17.1.3　系统用例

现在，从客户观点来考察系统的功能。这里直接列出系统用例，如图 17-7 所示。

1. 主要用例

● 检测基本的气象测量数据。包括风速、风向、温度、气压和适度。

● 检测导出的测量数据。包括风冷度、露点、温度趋势和气压趋势。

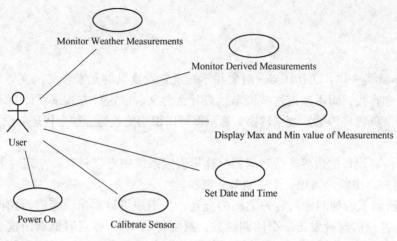

图 17-7　用例图

- 显示用户选定的测量数据的最高值和最低值。
- 设置时间和日期。
- 校正选定的传感器。
- 启动系统。

2. 辅助用例

根据分析，增加 2 个辅助用例。

- 电源故障。
- 传感器故障。

17.2　细化阶段

为了阐明系统的行为，让我们考察以下场景。

17.2.1　气象检测系统用例

检测基本的气象测量数据是气象检测系统的首要用例。其中一个约束是：不可能在 1 秒内测量 60 次以上。通过分析，我们提出了以下采集速率，这些速率能够充分的捕获气象状况的变化情况，下面是测量数据的速率。

- 风向：0.1 秒/次
- 风速：0.5 秒/次
- 温度、气压和湿度：每隔 5 分钟进行一次测量

前面对系统进行设计时，已经确定，每个传感器类不负担处理定时事件的责任。因此在分析时，假设一个外部代理在指定的采样速率下，对每个传感器进行轮询采样。图 17-8 所示的交互图阐述了这个场景。当代理开始采样时，它依次查询每一个传感器。我们将代理（anAgent）设计为 Sampler 类的一个实例。

现在的问题是，如何实现图 17-8 的交互场景呢？必须通过询问交互图的对象中哪一个对象负责将采样值显示在类 LCD 设备上？我们有两个可选的方案：第一种方案是，让每一个传感器负责将自己的测量数据显示在 LCD 设备上。第二种方案是，创建一个独立的对象，通过

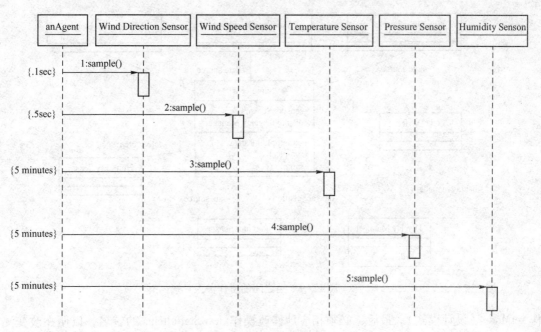

图 17-8 系统交互场景

轮询方式，将每个传感器的测量数据显示在 LCD 设备上。在本书中，我们采用第二种方案，在这个方案中，我们将显示布局策略封装到一个类中，即，显示策略封装在 Display Manager 类中。Display Manager 类规格说明如下。

类名：Display Manager

责任：管理 LCD 设备上各个元素的布局方式

操作：

drawStaticItems

displayTime

displayDate

displayTemperature

displayHumidity

displayPressure

displayWindChill

displayDewPoint

displayWindSpeed

displayWindDirection

displayHighLow

操作 drawStaticItems 用来显示的不变元素，比如用来显示风向的罗盘。让操作 displayTemperature 和操作 displayPressure 负责显示测量数据的变化趋势。

图 17-9 说明了这些类之间的协作关系。同时，也显示了某些类在协作时扮演的角色。

考虑到软件系统的国际化要求，还应该考虑：系统是采用摄氏还是华氏显示温度？系统是采用公里每小时（k/h）还是采用英里每小时（m/h）显示风速？

为提供软件系统的灵活性，必须在 Tmperature Sensor 和 Windspeed Sensor 类中增加一个操

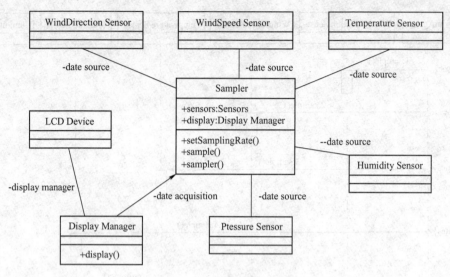

图 17-9　类之间的协作关系

作 setMode（设计模式）。最后，必须相应地修改操作 drawStaticItems 的签名，以便在改变测量数据的单位时，Dsplay Manager 对象能够在需要时更新显示设备的面板布局。

　　为了能修改温度和风速的测量单位，系统必须增加一个用例，即："设置温度和风速的测量单位"。

　　通过 Temperature Sensor 和 Pressure Sensor 类，可以导出温度和压力数据的变化趋势。但是，为了实现所有的导出测量数据，需要创建两个新类——WindChill 和的 DewPoint 来负责计算它们各自的值。这两个类都不代表传感器。它们各自作为代理与其他两个类协作完成各自的责任。

　　具体地说，Temperature Sensor 和 Windspeed Sensor 协作计算的导出数据封装在 Wind Chill 对象中，Wind Chill 类也封装了算法；Temperature Sensor 和 Humidity Sensor 协作，计算的导出数据封装在 Dew Point 对象中，Dew Point 类也封装了算法。

　　同时，Wind Chill、Dew Point 和 Sampler 协作。图 17-10 说明了上述类之间的协作关系。

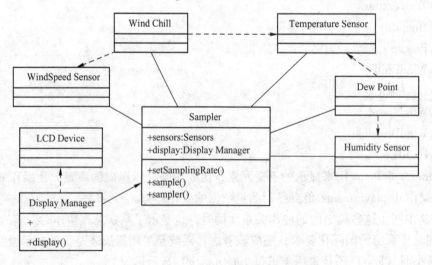

图 17-10　类之间的协作关系

为什么将 Wind Chill 和 Dew Point 定义为类？为什么不采用一个简单的方法来计算导出数据呢？因为，从 Temperature Sensor 对象和 Windspeed Sensor 对象中计算导出值的算法比较通用，从 Temperature Sensor 对象和 Humidity Sensor 对象中计算导出数据的算法也比较通用，为了在以后的应用中实现对象复用，我们就把这些算法封装在 Wind Chill 类和 Dew Point 类中。

下一步考虑用户与气象监测系统交互的场景。

用例名：Display Max and Min Value of Measurements

叙述：显示所选测量数据的最高值和最低值

基本流：

1）用户按下 SELECT 键时，开始执行用例；

2）系统显示 selecting；

3）用户按下 wind、temp、pressure 或 humidity 键中的任何一个，其他按键（除 run 外）被忽略；

4）系统闪烁相应的标签；

5）用户按下 UP 或 DOWN 键来分别选择显示 24 小时中最高值或最低值，其他的按键（除 run 外）被忽略；

6）系统显示所选值，同时显示该值出现时的时间；

7）控制返回步骤 3）或步骤 5）。

注意：用户可以按下 RUN 键来提交或放弃操作，此时，正在闪烁的信息、选择的值和 SELECTING 信息将消失。

这个场景提醒我们，应该在 Display Manager 类中增加如下两个操作。

1）flashLabel 操作。根据操作变量让标签闪烁或停止闪烁。

2）displaymode 操作。在 LCD 设备上以文本的方式显示信息。

用例名：Set Date and Time

叙述：这个用例设置日期和时间

基本流：

1）用户按下 SELECT 键时，用例开始执行；

2）系统显示 selecting；

3）用户按下 TIME 或 DATE 键中的任一个，其他按键（除 run 和上面场景的步骤 3）所列出的键外）被忽略；

4）系统闪烁相应的标签，同时闪烁选择项的第一个字段（即时间的小时字段和日期的月份字段）；

5）用户按下 LEFT 或 RIGHT 键来选择另外的字段（选择可以来回移动），用户按下 UP 或 DOWN 键来升高或降低被选中的字段的的值；

6）控制返回步骤 3）或步骤 5）。

注意：用户可以按下 RUN 键来提交或放弃操作，此时，正在闪烁的信息和 selecting 消息消失，时间和日期被重置。

用例名：Calibrate Sensor

叙述：这个用例用于校正传感器

基本流：

1）用户按下 calibrate 键时，用例开始执行；

2）系统显示 calibrating；

3）用户按下 wind、temp、pressure 或 humidity 键中的任何一个，其他按键（除 run 外）被忽略；

4）系统闪烁相应的标签；

5）用户按下 UP 或 DOWN 键来选择高校正点或低效正点；

6）显示器闪烁相应值；

7）用户按下 UP 或 DOWN 键来调整选中的值；

8）控制返回步骤3）或步骤5）。

注意：用户可以按下 RUN 键来提交或放弃操作，此时正在闪烁的信息和 calibrating 消息消失，校正功能被重置。

在进行校正时，必须告诉 Sampler 对象停止采样，否则显示错误信息。因此，这个场景提醒我们必须在 Sampler 类中增加两个新的操作：inhibitSampler（禁止采样）和 resumeSample（重新采样）。

用例名：Set unit of Measurement

叙述：这个用例用于设置温度和风速的测量单位

基本流：

1）用户按下 mode 键时，用例开始执行；

2）系统显示 mode；

3）用户按下 wind、temp 键中的任何一个，其他按键（除 run 外）被忽略；

4）系统闪烁相应的标签；

5）用户按下 UP 或 DOWN 键来切换当前的测量单位；

6）系统更新选中项的测量单位；

7）控制返回步骤3）或步骤5）。

注意：用户可以按下 RUN 键来提交或放弃操作，此时正在闪烁的信息和 MODE 消息消失，测量项的当前单位被设置。

通过对上面几个场景的分析，我们可以确定面板上按钮的布局方式，如图 17-11 所示。

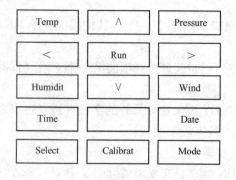

图 17-11　气象监测系统用户小键盘

从图 17-11 界面中可以发现，当用户点击任一按钮时，整个界面就处于某个模式之中，因此，我们可以把整个界面看做一个对象，界面从一种状态迁移到另一状态时，就相当于对象从一种状态迁移到另一种状态。因为点击按钮的触发事件与界面所处的状态紧密相关，所以我们设计一个新类 InputManager 来负责完成下面的职责。

类名：InputManager

责任：管理和分派用户输入

操作：processKeyPress

InputManager 对象包括四个状态：Running、Calibrating、Selecting 和 Mode。这些状态直接对应于前述的四个场景。如图 17-12 所示。

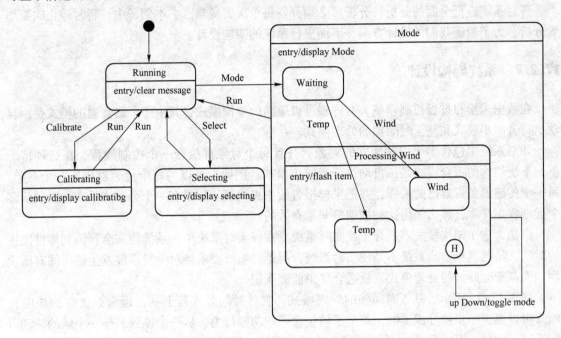

图 17-12　InputManager 对象状态图

Mode 状态是个复合状态，它包含两个顺序子状态：Waiting 状态和 Processing Wind 状态。当进入 Mode 状态时，首先在显示板上显示模式信息（display Mode），并处于 Waiting 状态下。此时如果用户点击 Temp 键或 Wind 按键，系统就从 Waiting 状态迁移到 Processing Wind 状态，进入 Processing Wind 状态时，某些信息在面板上闪烁（flash item）。Processing Wind 状态也是个复合状态，它包含两个子状态：Temp 状态和 Wind 状态。当用户点击 Temp 按钮时，进入 Temp 状态，当用户点击 Wind 按钮时，进入 Wind 状态。

在 Processing Wind 状态下，用户点击按钮：UP 或 DOWN（切换相应的模式）或者 toggle mode 时，系统就回到原来的历史状态，如果用户点击 Run 键，系统就迁移到最外层的 Running 状态。

最后一个主要场景是"启动系统"，启动系统时，要求初始化所有的对象，并有序地激活所有的对象。下面介绍启动系统的用例。

用例名：Power On

责任：启动系统

基本流：

1）当电源接通时，用例开始执行；

2）初始化每一个传感器。有历史数据的传感器清除历史数据，趋势传感器准备好它们的斜率计算算法；

3）初始化用户输入缓冲区，删除无用的按键（由噪声引起）；

4）绘制静态的现实元素；

5）初始化采样过程。

后置条件：每一个主要测量数据的过去高/低值被设置成首次采样的值和时间。设置温度和气压的斜率为0。Inputmanager 处于 running 状态。

要对系统进行全面的分析，分析师必须开发每个次要场景。在本例子中，暂时停止次要场景分析。为了验证我们的设计方案，下面进行系统的架构设计。

17. 2. 2　系统架构设计

在数据采集和过程控制领域，有许多可以遵循的架构模式，其中两个最普遍的模式是：自动执行者同步模式和基于时间帧的处理模式。

如果系统中包含多个相对独立的对象，并且每个对象都执行一个控制线程，在这种情况下，系统架构的适合模式是：自动执行者同步模式。例如，可以为每个传感器创建一个对象，每一个传感器负责自己的采样，并把采样报告给中央代理。如果有一个分布式系统，必须从多个远端收集样本，那么采用这种框架是非常有效的。

但是，这个架构模式不适合于硬实时系统。在硬实时系统中，系统能完全预测到事件发生的时间，虽然气象监测系统不是硬实时系统，但是，系统要求能对少量事件发生的时间有所预测。而基于时间帧的处理模式，就适合气象监测系统。

如图 17–13 所示，基于时间帧的处理模式。它将时间分成若干帧（通常是固定的长度），帧又可以更进一步被分成子帧，每个子帧包含一些功能行为，从一个帧到另外一个帧的活动可能不同，例如，可以每隔 10 个帧进行一次风向采样，每隔 30 个帧进行一次风速采样。这种架构模式的主要优点是能够更严格地控制时间的顺序。

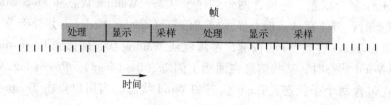

图 17–13　时间帧处理

图 17–14 所示的类图忽略了次要的类，强调了主要的类。它体现了气象监测系统的体系结构。从图中可以看到在早期对系统分析时发现的大多数类。在这个架构中，我们创建了一个 Sensors 类，它的职责是作为系统中的所有物理传感器的集合。由于在系统中至少有两个其他代理（Sampler 和 InputManager）必须与传感器集合关联，把所有的物理传感器集中到一个容器类中（Sensors 类），方便我们将系统中的传感器作为一个逻辑整体来对待。

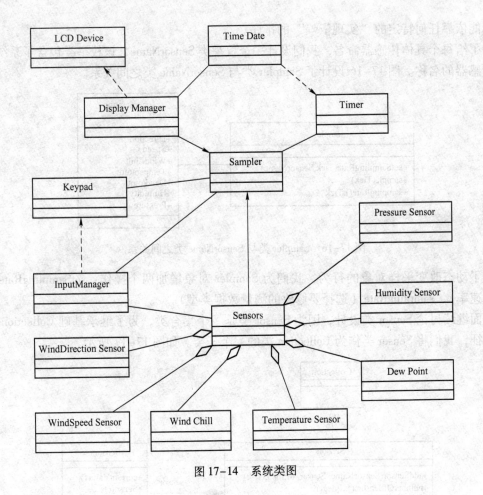

图 17-14　系统类图

17.3　构造阶段

气象监测系统的主要行为是由两个代理（Sampler 和 Timer 类）协作完成的，因此在架构设计期间，详细分析和说明这些类的规格、接口、服务是必要的。通过分析、设计和说明，可以验证体系结构设计的合理性。

17.3.1　帧机制

首先介绍时钟类 Timer，如图 17-15 展示了类设计。

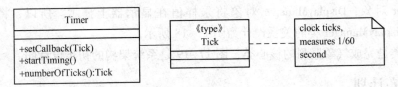

图 17-15　钟类 timer

操作 setCallBack 为定时器提供一个回调函数，操作 startTiming 启动定时器，此后 Timer 对象每隔 1/60 秒发送回调函数。注意，这里引用了一个显式的启动操作，因为在声明的精化过程中不能依靠任何特定的"实现依赖"的排序。

为了给每个具体传感器命名，我们设计一个枚举类 SensorName，该枚举类包含了系统里的所有传感器的名称。图 17-16 设计了 Sampler 类与 SensorName 类之间关系。

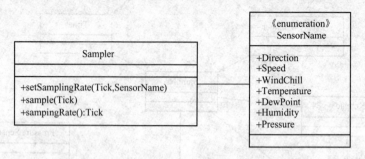

图 17-16　Sampler 类与 SensorName 类之间关系

为了动态改变采样对象的行为，我们为 Sampler 对象增加两个操作：setSamplingRate（修改采样速率）、samplingRate（选择要修改的测量数据类型）。

下面继续讨论 Sensor 类设计，因为 Sensor 类是一个集合类，为了继承基础 Collection 类的公共特征，我们将 Sensor 类作为 Collection 类的一个子类。如图 17-17 所示。

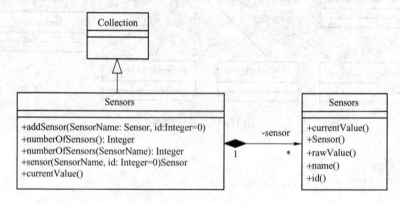

图 17-17　Sensor 类设计

因为不想将 Collection 类的大部分操作暴露给 Sensor 类的客户，我们将 Collection 定义为一个受保护的超类。在 Sensor 类中，只声明少量的操作。

我们可以创建一个泛化的传感器集合类，它能够容纳同一个传感器的多个实例，每一个实例可以用唯一的 ID 来区分——这些 ID 从 0 开始。

因为，Sampler 对象（采样代理）要获取 Sensor 对象的采样值，并将这个采样值传递给 DisplayManager 对象，DisplayManager 对象将采样值在显示器上显示。所以，将 Sampler 类、Sensor 类和 DisplayManager 类的关系设计为图 17-18 所示。

Sampler 类是完成气象监测的核心类，图 17-19 是系统架构的初步设计图。

17.3.2　发布计划

开发软件系统时，每一个当前版本都是建立在前一个版本之上。现在计划我们的发布版本序列。

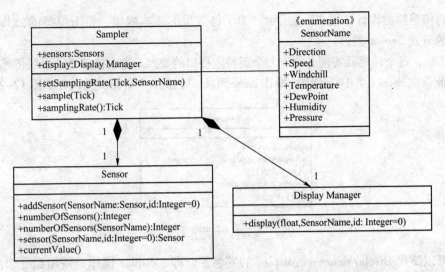

图 17-18 Sampler 类、Sensor 类和 DisplayManager 类的关系

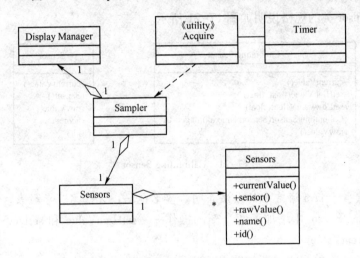

图 17-19 系统架构

- 开发一个具有最小功能的发布版本序列。其中，每一个版本都是建立在前一个版本之上。
- 设计并实现传感器的层次结构。
- 设计并实现与管理显示类相关的其他类。
- 设计并实现负责管理用户界面的各个类。

为了对软件体系结构有深入的了解，首先应该开发一个包含最小功能集合的发布版本。即，该版本必须实现系统中每一个关键类的小部分功能。由于实现了每个关键部分的功能，这就解决了项目中存在的高风险。

17.3.3 传感器机制

在构造系统架构的过程中，我们通过迭代和增量方法演示了传感器类及其相关类的分析和设计过程。在这个演化的发布版本中，通过完善系统的最小功能，对传感器类进一步分析和细化。

最初的传感器类设计如图 17-4 所示，为了稳定类的基本框架，将下层类的公共操作 currentValue 提升到 Sensor 类中。

按照需求，每个传感器实例必须有一个到特定接口的映射。这个接口必须用到传感器的名字和 ID。因此，在 Sensor 类中必须增加操作 name 和 id。因此，Sensor 类的设计如图 17-20 所示。

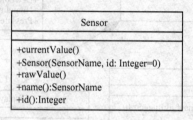

图 17-20　Sensor 类

现在可以简化 DisplayManager::display 的签名了，即，display 操作只需用到一个参数（即对 Sensor 对象的引用）。

Calibrating Sensor 类的规格说明如图 17-21 所示。

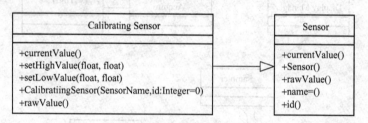

图 17-21　Calibrating Sensor 类

提示：签名相当于 java 语言中的方法声明。签名包括：方法名、参数表。

在类 Calibrating Sensor 中增加了两个新的操作——setHighValue 和 setLowValue，并实现了父类中的操作 currentValue。

类 Historical Sensor 的规格说明如图 17-22 所示。

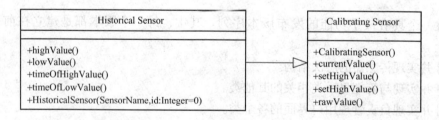

图 17-22　Historical Sensor 类

Historical Sensor 有 4 个操作，要实现该类，需要与 Timedate 类协作。Historical Sensor 仍然是一个抽象类，因为其中的操作 rawValue 还没有定义，我们把这个操作推迟到一个具体子类中实现。

类 Trend Sensor 还是定义为抽象类。把类 Trend Sensor 定义为 Historical Sensor 类的一个子类，并在其中增加了一个具体的操作 trend，如图 17-23 所示。

把类 Temperature Sensor 定义为 Trend Sensor 的一个子类，如图 17-24 所示。

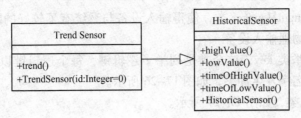

图 17-23　类 Trend Sensor

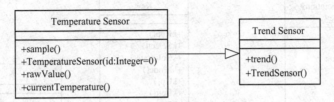

图 17-24　类 Temperature Sensor

我们根据前面的分析，增加操作 current Temperature，这个操作与前面分析时提到的操作 currentValue 在语义上是相同的。

17.3.4　显示机制

显示功能是由 Display Manager 类和 LCD device 类协作完成的。根据前面的分析，只需要对这两个类中的某些签名和语义做部分修改和调整就可以，对类 Display Manager 做调整后的规格说明，如图 17-25 所示。

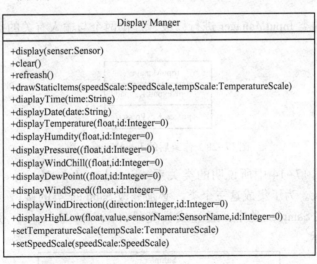

图 17-25　Display Manager 类

因为，我们不希望该类有任何子类，因此，必须实现该类中的所有操作。Display Manager 类要用到 LCD device 类的资源，LCD device 类是对底层硬件的抽象。

17.3.5　用户界面机制

用户界面主要是由 KeyPad 类和 InputManager 类协作实现的。与 LCD device 类相似，Key-Pad 类也是对底层硬件的抽象。有了 KeyPad 类，就减轻了 InputManager 类对硬件的依赖。由于有了 KeyPad 类和 InputManager 类，使得输入设备与系统有了较好的隔离。在这种情况下，我们可以很容易更换物理输入设备。

首先定义一个枚举类 key，这个类是列举了逻辑键，每个逻辑键以 k 为前缀，以避免与 SensorName 中定义的名字发生冲突，如图 17-26 所示。

现在设计 Keypad 类，如图 17-27 所示。

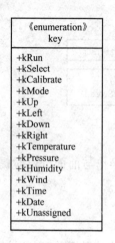

图 17-26　枚举类 key

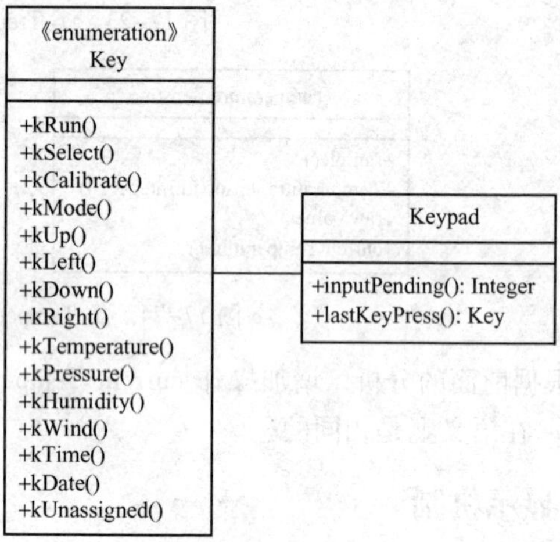

图 17-27　Keypad 类

在这个类中增加了操作 inputPending，这样，当存在尚未被用户处理的输入时，客户就可以查询。

现在，对前面的类 InputManager 进行修改，提供两个与输入有关的操作，修改后的类如图 17-28 所示。

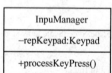

图 17-28　修改后的 InputManager 类

现在回忆一下图 17-14 中所说明的类关系。Sampler、InputManager 和 KeyPad 三个类相互协作响应用户输入。为了集成这三个类，必须修改 Sampler 类的接口（这里的接口是指类中的操作），即，在 Sampler 类中，通过成员变量（repInputManager）引用 InputManager 对象，如图 17-29 所示。

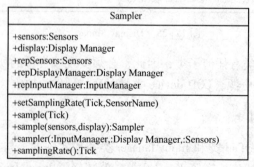

图 17-29　Sampler 类

图 17-29 的设计说明，当创建 Sampler 对象时，必然创建 Sensors 对象、Display Manager 对象和 InputManager 对象。这种设计确保了 Sampler 对象总是有一个传感器集合、一个显示管理器和一个输入管理器。

操作 processKeyPress 是启动 InputManager 对象的入口点，为了标识 InputManager 对象的状态变化情况和操作行为，有两种通用方法：一种方法是把状态封装在对象中，另一种方法是用枚举表示对象的状态。对于只有几种状态的对象（如，InputManager 对象只有几个状态），用后一种方法就足够了。这样，我们可以把几种状态用字符串表示，将这些名字作为 InputState 接口的名字，如图 17-30 所示。

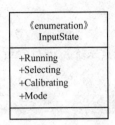

图 17-30　InputState 接口

下面修改 InputManager 类，如图 17-31 所示。

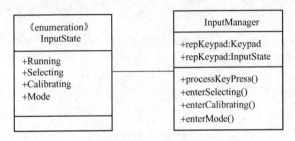

图 17-31　InputManager 类

17.4　交付阶段

本气象监测系统仅仅包含大约 20 个类。但是，在实际应用中，对象模型和软件体系结构要经历多次修改。

在本系统使用过程中，用户还希望系统提供测量降雨量的功能。那么，当增加一个雨量测量器会产生什么影响？

图 17-14 基本上是本气象监测系统的体系架构。为了提供测量降雨量的功能，不需要从根本改变这个架构，而仅仅需要扩展它就可以了。以图 17-14 所示的系统架构为基线，增加一些新特性就可以满足新的需求。我们只要对图 17-4 的类结构做以下修改。

- 定义一个 RainFall Sensor 类，让其作为 Historical Sensor 的子类。
- 更新枚举 SensorName，在枚举类中增加 RainFall Sensor 类的名字。
- 更新 Display Manager，使其知道怎样显示这个传感器的值。
- 更新 InputManage 类，使其知道怎样计算新定义的键 rainFall。
- 在系统的 Sensors 集合中增加 RainFall Sensor 类的实例。

在对以上多个类进行修改时，最好不要修改现有类之间的关系。如果想修改某个类的功能，那么请不要修改该类，只要扩展该类即可。

17.5　小结

本章以气象监测系统为例，以 RUP 方法对实时控制系统进行增量和迭代分析、设计、建模，此例详细演示了 RUP 过程、类设计过程和迭代过程。

17.6　习题

请采用 RUP 统一过程对《超市进货系统》进行分析，通过增量和迭代方式，建立该系统的领域模型。